计算机网络技术基础项目化教程

主 编 王 苒
副主编 王明昊
参 编 王 军

电子工业出版社
Publishing House of Electronics Industry
北京 · BEIJING

内 容 简 介

　　计算机网络技术是一门理论性强同时又注重实践能力的课程，因此本书在归纳总结理论知识的同时，将基础知识以项目的形式表现出来，理论联系实际，使读者能够深刻地体会到知识的内涵。从认识计算机网络、组建局域网到接入 Internet，再到网络服务器的安装与配置和网络安全，全书分为五个部分共 12 个项目，主要项目内容包括：认识网络的发展过程、认识协议和网络体系结构、认识数据通信系统、组建双机有线对等网、组建中小型局域网、组建无线局域网、FTTH 光纤接入 Internet、LAN 接入 Internet、网络操作系统的安装与基本操作、搭建网络服务器、Windows 网络安全策略及配置、防火墙及杀毒软件的安装与运行。本书内容全面，实用性强，既可以作为职业院校计算机网络技术专业教材，也可以作为网络技术爱好者的课外读物，对于网络工程专业人员也有一定的学习和参考价值。

未经许可，不得以任何方式复制或抄袭本书之部分或全部内容。
版权所有，侵权必究。

图书在版编目 (CIP) 数据

计算机网络技术基础项目化教程 / 王苒主编 . —北京：电子工业出版社，2021.3
ISBN 978-7-121-31625-8

I. ①计⋯　 II. ①王⋯　 III. ①计算机网络－职业教育－教材　 IV. ①TP393

中国版本图书馆 CIP 数据核字（2017）第 119319 号

责任编辑：白　楠
印　　刷：北京七彩京通数码快印有限公司
装　　订：北京七彩京通数码快印有限公司
出版发行：电子工业出版社
　　　　　北京市海淀区万寿路 173 信箱　　邮编：100036
开　　本：787×1 092　1/16　印张：15.25　字数：390.4 千字
版　　次：2021 年 3 月第 1 版
印　　次：2023 年 12 月第 6 次印刷
定　　价：39.00 元

　　凡所购买电子工业出版社图书有缺损问题，请向购买书店调换。若书店售缺，请与本社发行部联系，联系及邮购电话：（010）88254888，88258888。

　　质量投诉请发邮件至 zlts@phei.com.cn，盗版侵权举报请发邮件至 dbqq@phei.com.cn。

　　本书咨询联系方式： （010）88254592，bain@phei.com.cn。

前　　言

　　遵循职业教育特点，中、高职院校在各学科教学方法中积极探索推行在学习情境下实施任务驱动教学法。根据计算机网络技术这门课程理论性强、抽象、不易理解的特点，本书将计算机网络技术的基础理论与实践操作以项目的形式进行了分类。全书分为五个部分：认识计算机网络、组建局域网、接入 Internet、网络服务器的安装与配置、网络安全。这五部分共包含 12 个项目，项目的整体规划既体现了计算机网络的传统技术，又反映了当前网络和通信发展的最新趋势。为符合"做中教、做中学"的教学理念，每个项目在设计上沿着"体验""思考""探究""实践""总结"的知识建构顺序对知识和技能进行了融合，符合学生的认知特点，也成为本书的亮点和特色。

　　本书由大连电子学校王莉担任主编，大连职业技术学院王明昊担任副主编，全书由王莉统稿。其中项目 1～8 由王莉编写，项目 9～12 由王明昊编写，大连电子学校王军提供部分实训素材。

　　由于编者水平有限，书中难免存在疏漏，敬请读者批评指正。

编　者

目　录

第一部分　认识计算机网络

第二部分　组建局域网

第三部分　接入 Internet

第四部分　网络服务器的安装与配置

第五部分　网络安全

第一部分
认识计算机网络

项目 1 认识网络的发展过程

在完成本项目后，你将能够：
- 认识网络的泛在性。
- 了解网络的发展趋势。
- 说出连接一个简单局域网需要的设备及软件。
- 画出网络拓扑图。
- 熟练使用网页浏览器。

 ## 1.1 体 验 感 知

【体验 1】 认识计算机机房的网络，主要了解网络的连接部件及拓扑结构。

【感受】 通过网络连线及中心交换设备将机房里所有需要互相通信的计算机连接在一起，形成局域网。

【体验 2】 通过网络进行视频聊天。

【感受】 网络能够拉近距离。

【体验 3】 通过安装 QQ 进行远程监控。

【感受】 通过网络能远程登录到另一台计算机并进行控制。

 ## 1.2 提 出 问 题

什么是计算机网络？
计算机网络是如何连接的？
计算机网络是由哪些部件组成的？
计算机网络有哪些类型？

1.3 探 究 学 习

1.3.1 基本知识

1. 计算机网络的形成和发展

计算机网络的发展至今共经历了四个阶段。

第一阶段：计算机网络的形成。

（1）1946 年，第一台计算机在美国宾夕法尼亚大学诞生，取名 ENIAC，它是人类科学发展史上的一个重要里程碑，标志着计算机时代的到来。

ENIAC 占地 150 平方米，总重量 30 吨，是一台电子管计算机，共使用 18 000 只电子管、6 000 个开关、7 000 个电阻、10 000 个电容、50 万条线路、耗电量 140 千瓦，是巨型机的代表，如图 1-1 所示。

图 1-1 1946 年诞生在宾夕法尼亚大学的 ENIAC

（2）电子管、晶体管、大规模集成电路直至超大规模集成电路的出现和发展使得计算机性能不断提高的同时，体积也不断缩小。20 世纪 80 年代，出现了微型计算机，从而改变了主机模式的集中管理和运行方式。微型机把强大的计算和处理能力交到了个人手中，便携的体积和超强的性能使它在单位和家庭中迅速普及，因此人们也将微型机称为个人计算机，简称 PC（Personal Computer），如图 1-2 和图 1-3 所示。

图 1-2 Intel 80286 微处理器

图 1-3 80286 微型计算机系统

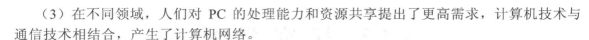

（3）在不同领域，人们对 PC 的处理能力和资源共享提出了更高需求，计算机技术与通信技术相结合，产生了计算机网络。

第二阶段：分组交换的计算机网络发展。

20 世纪 60 年代，传统电路交换（Circuit Switching）的电信网已经四通八达。但这种数据交换方式的稳定性不高，一旦正在通信的电路中有一个交换机或一条链路遭到破坏，整个通信电路必然中断，如果想改变到其他迂回电路继续通信，那么必须重新拨号建立连接，这种通信延时不适应战争的需求。于是，美国提出要研制一种崭新的、能够适应现代战争、残存性很强的网络。

针对电路交换的这个缺点，一种灵活分组交换方式的计算机网络问世了。1969 年，美国国防部国防高级研究计划局（DARPA）率先建立了全世界第一个分组交换网 ARPANET。这是一个只有 4 个节点的存储转发方式的分组交换网络，分别连接位于不同地理位置的 4 所大学中的 4 台计算机。ARPANET 是为了验证建立远程分组交换网的可行性而进行的一项实验工程，灵活的分组交换技术为计算机网络的发展铺就了道路。随着 ARPANET 推出的网络功能的不断丰富（例如，Email 邮件传输、FTP 数据传输、Telnet 远程登录等），联网的节点数急剧增加，商界和通信业也开始纷纷加入该网，ARPANET 迅速扩张，最终发展成为现在的 Internet。

分组交换不同于传统电信网中采用的电路交换，而是存储转发方式中的一种交换技术。它将要传输的报文分割成许多具有统一格式的分组，并以此作为传输数据的最基本单元进行存储转发。1976 年，国际电报电话咨询委员会（CCITT）制定了用于公共分组交换网的协议标准 X.25，进一步推动了分组交换网的发展。

第三阶段：计算机网络的标准化。

1974 年，IBM 公司首先公布了网络体系结构 SNA，并以此作为 IBM 计算机的联网标准。之后，各大计算机厂商相继开发了自己的网络体系结构，但是不同厂商的网络产品在技术、结构等方面存在很大差异，不能互相连接。为了解决这一问题，1978 年，国际标准化组织（ISO）提出了开放系统互连参考模型（OSI-RM），以此推动网络标准化的工作。

在总结最初建网实践的基础上，DARPA 组织有关专家开发了 ARPANET 第三代网络协议——TCP/IP，并于 1983 年在 ARPANET 上正式启用。

1971 年，一个多用途、分时和多用户的网络操作系统 UNIX 被研发出来。经过多个版本的更新后，UNIX 开始广泛流行。1978 年，伯克利大学在原有第六版本的基础上进行了改进，推出了新的 UNIX 版本——BSD（Berkeley Software Distribution）。BSD 的主要贡献之一就是在操作系统中包含了 TCP/IP 协议。这些 TCP/IP 代码几乎是现在所有系统（包括 Microsoft Windows）中 TCP/IP 实现的基础，它的流行使得 TCP/IP 成为了网络体系结构事实上的标准。

第四阶段：高速、综合、移动、智能的计算机网络。

从 20 世纪 90 年代至今的几十年间，Internet 在全球爆炸性地增长。1993 年，美国宣布建立国家信息基础设施（National Information Infrastructure，NII）后，全球范围内许多国家纷纷制定并建立了本国的 NII，推动全球计算机网络进入高速发展的阶段。计算机网络技术得到了飞速发展，一些新的问题也随之而来，人们对网络带宽、延迟、网络安全和智能化等方面提出了更高的要求。IPv6、无线网络、无线传感网络和光网络等技术成为当前热门且广泛应用的技术，人们的生活已步入 4G 时代。新一代互联网呈现出"更安全、更及时、更集成、更智能、更方便"的特征。

2．计算机网络的定义

计算机网络是地理上分散的、具有独立功能的多台计算机遵循约定的通信协议，通过软、硬件互连以实现相互通信、资源共享、信息交换、协同工作及在线处理等功能的系统。

图 1-4 是由一台大型机带着大量终端组成的远程终端联机系统，图 1-5 是由一台主机和多台终端组成的面向终端网络系统。严格上说，它们都不符合计算机网络的定义。

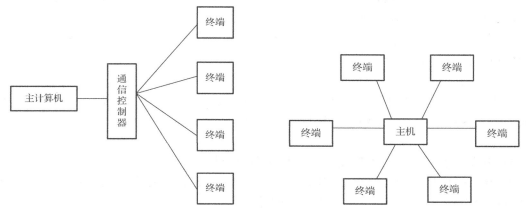

图 1-4　远程终端联机系统　　　　　图 1-5　面向终端网络系统

（1）连接方法：实体之间的物理连接称为硬件"互连"，逻辑连接称为软件"互联"。

（2）主要作用：计算机互连的功能主要有相互通信、资源共享、信息交换、协同工作和在线处理等。

3．计算机网络的结构

通常情况下，人们习惯将网络中的设备及它们之间的连接用图形的方式直观表示出来。其中，计算机网络中的服务器、工作站、交换设备等节点用"点"来表示，而设备之间的连线用"线"来表示，点、线形成的几何图形称为网络拓扑结构图。

常见的网络拓扑结构有总线、星状、环状、树状和网状结构。

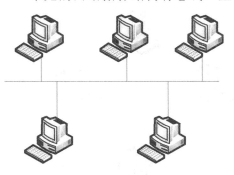

图 1-6　总线结构

（1）总线结构。

总线结构的网络是各台计算机和其他设备都连接到一条公共的传输介质上，所有计算机共用这条总线，任何两台计算机之间不再有其他连接，如图 1-6 所示。

特点：

① 总线结构的传输介质通常采用同轴电缆。

② 同一时刻，总线上只允许一台设备发送信息，其他设备接收信息。

③ 总线的两端安装了端接器，任一设备发送的电信号向两端扩散，到达总线端头时，被端接器吸收。

④ 由于信号传输过程中的衰减，总线不能过长。如果需要延长总线，需要增加中继器。

优点：

① 耗材较少。总线结构需要安装的电缆数量少。

② 结构简单。

③ 易于扩充，方便安装入网。

缺点：

① 可靠性较低。一旦总线发生故障，全网瘫痪。

② 管理维护困难。接口发生故障时，会影响全网通信，此时需要检测总线在各设备处的连接，诊断和隔离故障困难。

③ 由于同一时刻只允许一台设备发送信号，其他设备必须等待，直到获取发送权，因此介质访问控制复杂，传输效率低。

（2）星状结构。

星状结构的网络是由中央节点和通过点到点的通信链路连接到中央节点的各台计算机组成的。目前，常见的以太网拓扑结构为星状结构，如图 1-7 所示。

特点：

① 中央节点是具有集中控制功能的集线器或交换机。

② 网络中任何两台计算机之间的通信必须通过中央节点来进行。其中，源计算机先将信息传输给中央节点，再由中央节点向目的计算机传输。

优点：

① 故障诊断和隔离方便，易于维护。由于每个节点与中央节点间都是点到点连接，单个节点故障只影响本设备，不影响全网。

② 介质访问控制方法简单。

缺点：

① 耗材多。每个节点和中央节点间的连接需要使用大量的电缆。

② 对中央节点的可靠性和数据交换能力要求较高。若中央节点发生故障，则全网瘫痪。

（3）环状结构。

环状结构的网络是由若干台计算机通过点到点的链路首尾相连形成的闭合环，如图 1-8 所示。

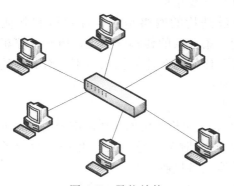

图 1-7　星状结构

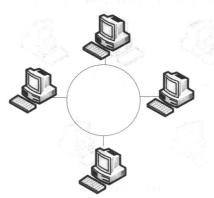

图 1-8　环状结构

特点：

① 环状结构的网络是一个封闭环，信息沿环路的一个方向进行传播，每台计算机都接收信号并将信号再生放大后传给下一台主机。

② 信息是通过令牌帧进行传输的。令牌帧具有特定的格式，获得空令牌的计算机才有权限发送信息。

优点：

① 耗费的电缆少。当连接电缆为光纤时，数据传输效率很高。

② 信息流单向传递，控制简单。

③ 令牌沿着环路流动，所有计算机访问介质的机会相等。

缺点：

① 网络可靠性不高。一个节点故障或新增、隔离节点操作过程中会使整个网络不通。

② 故障检测困难。网络不通时，需要对所有节点进行诊断。

（4）树状结构。

树状结构是星状结构的一种变形。它由多台集线器（或交换机）连接而成，形似一棵倒置的树。位于顶端的节点称为根节点，根节点下可以连接多层节点分支节点，计算机一般连接在底层的分支节点下，如图 1-9 所示。

树状结构的优缺点同星状结构一样，除此以外它还具备以下特性。

优点：

① 易于拓展，可以连接更多的计算机。

② 配置灵活。不同分支节点之间可以设置通信优先级、配置不同的带宽等。

缺点：网络对根节点的依赖大，一旦根节点发生故障，大部分网络会瘫痪。

（5）网状结构。

网状结构中各节点之间有许多路径连接。这种结构用于广域网中，如图 1-10 所示。

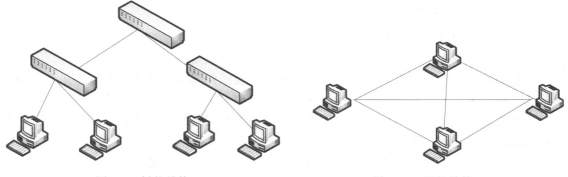

图 1-9　树状结构　　　　　　　　　图 1-10　网状结构

优点：容错能力强，可靠性高。如果一个节点或一段线缆发生故障或信息拥塞，可以选择其他路径传递数据。

缺点：

① 建网成本高，布线困难。网状结构一般用于主干网。

② 结构复杂，通信协议也复杂。

4．计算机网络的组成

（1）按照拓扑结构分，计算机网络包括网络节点和通信链路两部分。

① 网络节点包括访问节点、转接节点和混合节点。

访问节点：访问节点是信源和信宿，是拥有计算机资源的设备，主要起信源和住宿的作用，如用户主机、终端等。

转接节点：是具有数据交换能力的网络节点，也是拥有通信资源、通信能力的设备，如交换机、路由器、网关等设备。

混合节点：是全功能节点，既可以作为访问节点又可以作为转接节点。

② 通信链路包括物理链路和逻辑链路两种。

物理链路：指节点之间点到点的物理线路。物理链路的介质可以是双绞线、同轴电缆、光纤等有线介质，也可以是微波、红外线、无线电等无线介质。

逻辑链路：指具有数据传输控制能力且在逻辑上起作用的物理链路。一条物理链路可以通过复用技术分解成多条逻辑链路同时传输数据。

（2）按照逻辑功能分，计算机网络包括资源子网和通信子网。

① 资源子网：用于提供访问网络和处理数据，由主机、终端控制器和终端等访问节点组成。

② 通信子网：用于完成数据传输、交换和通信控制，由交换机、路由器等转接节点组成。

（3）按照系统结构分，计算机网络包括网络硬件系统和网络软件系统。

① 网络硬件系统：包括主机系统、终端、传输介质、网卡、集线器、交换机、路由器和网关等。

② 网络软件系统：包括网络操作系统、网络通信协议、网络应用系统、设备驱动程序、网络管理系统和网络安全软件。

5．计算机网络的分类

可以从不同角度对计算机网络进行分类。

（1）按照数据交换方式可以分为：电路交换网、报文交换网和分组交换网等。

在数据通信系统中，若所有终端设备之间由直连线路连接，那么通信双方虽然享有高质量的专线服务，但是整个网络连接线路数多、线路利用率低、实用性不高；若终端与通信设备直连，组成通信子网的所有通信设备间通过数据转发传递数据到目的终端，会节省直连线路数，提高线路利用率。

"转发"是将一条线路转接到另一条线路，使原来断开的两条通信线路连通起来续传的过程。"数据交换"就是数据转发，即按照某种方式动态分配传输线路的过程。

① 电路交换网。

电路交换是在发送方和接收方之间建立的一条临时且独占的物理电路，所有数据按顺序沿着这条线路从发送方向接收方传输，通信结束时线路才拆除。典型的电路交换网是电话网。

电路交换的特点：

● 包括物理电路建立、维持和拆除的过程。

● 物理电路一旦建立，通信双方可以随时通信，实时性强。

- 数据按发送顺序传输，到达接收方后不需要重新排序。
- 由于线路被通信双方独占，即使线路空闲也不能供其他用户使用，因此线路利用率低。
- 通信双方必须具有匹配的传输速率，交换设备简单，不提供缓存。
- 传输时延主要包括连接建立时延和数据传播时延，连接建立时延远大于传播时延时，传输效率低。

② 报文交换网。

报文交换是存储转发的一种数据传输方式。发送方在传输数据前无须预先建立物理链路，将数据以报文为单位进行传输。每个报文都附加了源地址和目的地址，由通信子网中间节点转发。中间节点收到报文后暂存报文，根据目的地址确定输出端口和线路，排队等待线路空闲时再转发给下一个节点，直至终点。最典型的报文交换网是公共电报网。

报文交换的特点：

- 数据传输无须建立专用的物理线路，报文在中间节点进行存储再转发，数据传输时延主要是转发时延（接收数据、校验、排队和发送数据）和传播时延，转接的次数越多，时延越大，不适合实时性要求高的应用。
- 数据传输的基本单位是报文。由于报文长度没有限制，且报文到达中间节点后需要排队等待时机再发送出去，因此要求中间节点具有一定的存储能力。
- 中间节点的存储转发使收、发双方无须匹配速率，并且可以不同时在线。
- 中间节点能根据连通状况及繁忙程度选择路径转发数据，使传输具有更高的可靠性。
- 能提供多址传递服务。一个报文可以传递给多个目的主机。

③ 分组交换网。

分组交换也是存储转发方式的一种，它在报文交换技术的基础上进行了改进，将报文划分成等长的分组，以分组为单位进行存储转发。分组交换又包括虚电路和数据包两种传输方式。虚电路提供面向连接的服务，在传输数据前先建立一条信源到信宿之间的逻辑链路（虚电路），数据分组沿逻辑链路有序传输到目的主机，传输结束后逻辑链路拆除。数据报提供无连接的服务，数据传输前无须建立连接链路，每个分组都携带信源地址、信宿地址和分组编号，不同分组作为一个独立的报文进行传输，因此发送和接收分组的次序会不一致，在接收终端需要对分组进行重新排序。

分组交换的特点：

- 较小且等长的分组降低了对中间节点的缓冲要求，减少了因缓冲区不足而等待接收的时间，降低了交换延时。
- 在中间节点中，后一个分组的存储操作与前一个分组的转发操作并行处理，节省了数据处理时间，提高了数据传输速率。
- 每一段链路采用统计复用技术划分为多个信道，多个会话连接可以共享同一段物理链路，提高了线路使用效率。
- 因为分组较短，其出错概率减少，每次重发的数据量大大减少，不仅提高了可靠性，也减少了传输时延。
- 因为每个分组都附带地址和编号信息，所以固定分组中携带的有效信息量减少，降低了通信效率。
- 采用数据包服务时，可能出现分组失序、丢失或重复现象，在目的终端还要对分组按编号进行排序，增加了处理复杂性。若采用虚电路服务，虽无失序问题，但有呼叫建立、数据传输和虚电路释放三个过程。

对可靠性、实时性要求高的网络应用多采用虚电路方式；要求传输延时短、传输速率高的应用多采用数据包方式。

（2）按照网络拓扑结构分类：集中式网络、分散式网络和分布式网络，如图 1-11 所示。

集中式网络：所有信息流必须经过中央处理设备（即交换节点），链路从交换节点向外辐射，如星状、树状拓扑结构的网络。交换节点的可靠性决定了整个网络的可靠性。

分散式网络：是星状网络和网状网络的混合网络，其中，某些集中器或复用器具有一定的交换功能。分散式网络是集中式网络的扩展，它又称为非集中式网络，可靠性高于集中式网络。

分布式网络：其中，任何一个节点都至少和其他两个节点直接相连，可靠性能最高。

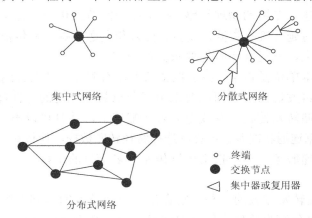

集中式网络　　　　　　　　分散式网络

○　终端
●　交换节点
◁　集中器或复用器

分布式网络

图 1-11　常见的网络

（3）按照网络作用范围可分为局域网、城域网和广域网。

局域网（Local Area Network）：覆盖范围在 10 千米以内的计算机互联系统，通常局限在一个房间、一座大楼或一个园区内。局域网的传输速率高于广域网，现在流行的局域网包括百兆以太网、千兆以太网及万兆以太网。

城域网（Metropolitan Area Network）：在一个城市范围内建立的计算机网络。覆盖范围和传输速率介于局域网和广域网之间，它将位于同一城市内不同位置的计算机或局域网互联。

广域网（Wide Area Network）:联网的计算机在地理位置上跨越很大，覆盖范围在几十千米以上，可以在全球范围内通信。它将分布在不同地区的局域网或计算机系统连接在一起，目前最大的广域网是国际互联网。

（4）按照网络的所属权限可分为：公共网和专用网。

公共网：为全社会提供数据服务的公共网络，用户只需要按照规定交纳一定费用即可使用。公共网一般是由国家出资建设的大型公共网络，例如，由电信局提供服务的公共交换电话网 PSTN、公共分组交换网 X.25 和综合业务数字网络 ISDN 等。

专用网：为特殊业务需要而组建的网络，不允许其他部门、单位或个人使用。专用网一般由某部门或公司组建，例如，学校组建的校园网、银行网络和企业内部网络等。

（5）按照通信传输介质可分为有线网和无线网。

有线网：用有线介质连接终端、计算机和通信设备的网络。常见的有线传输介质有双绞线、同轴电缆和光纤。

无线网：用微波、红外线等无线传输介质作为通信线路的网络。

（6）按照通信传播方式可分为广播式网络和点到点式网络。

广播式网络：所有联网的计算机共享一个公共通信信道，其中一台计算机发送的信息能被其他所有联网计算机侦听到，例如，总线网络。

点到点式网络：每条物理线路只连接一对计算机。若两台计算机之间没有直接线路相连，那么它们之间的通信就要通过其他中间节点转发。Internet 是最大的点到点式网络。

1.3.2 实践活动

任务 1 IE 浏览器的使用和设置

实训目的

本任务将教会你如何在互联网上研究网络主题。通过实践，你将在 IE 浏览器中使用一本互联网百科全书——百度百科来研究网络术语的定义。完成本任务后，你将能够：

- 掌握 Internet Explorer 的启动和选项设置。
- 掌握网页浏览的基本操作。
- 在网上搜索信息资料。
- 保存网页信息。
- 灵活使用收藏夹。

实训环境

- 计算机网络机房。
- 能够连接 Internet，安装 Internet 浏览器（推荐安装 IE10 及以上版本）。

操作步骤

第一步：打开 Internet Explorer 浏览器，登录 https://baike.baidu.com/网站首页，如图 1-12 所示。

图 1-12　在浏览器中登录百度百科

第二步：在"搜索"对话框中输入"计算机网络"关键字，出现百度百科词条目录网页，如图1-13所示。

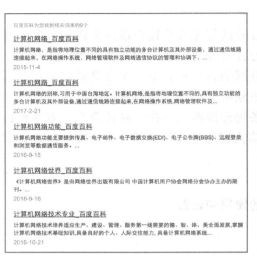

图1-13　百度百科词条目录网页

第三步：将当前网页添加到收藏夹，如图1-14所示。

图1-14　将当前网页添加到收藏夹

第四步：按词条顺序查阅"拓扑结构""组成硬件""传输媒介""网络协议"等网络术语的含义。

第五步：保存当前网页到指定目录下，文件名为"计算机网络术语.html"。

第六步：练习。

（1）显示或隐藏IE浏览器的菜单栏、收藏夹栏、命令栏和状态栏。

（2）打开Internet选项卡。

① 设置主页地址为www.baidu.com。

② 设置临时文件和历史记录的删除选项。

③ 启用弹出窗口阻止程序。

④ 设置或删除"自动完成"功能，在地址栏和表单的用户名和密码处自动匹配以前键入的内容。

任务2　使用Microsoft Office Visio绘制网络拓扑图

实训目的

● 阅读校园网络拓扑图，并在Microsoft Office Visio软件中绘制出来。通过阅图，你将能够说出校园网的区域划分和组成设备。

实训环境

● 计算机机房。

● 计算机上安装 Microsoft Office Visio 软件。

操作步骤

第一步：启动并熟悉 Microsoft Office Visio 软件。在桌面"开始"菜单中选择"Microsoft Office"→"Microsoft Office Visio 2007"菜单命令，如图 1-15 所示。

图 1-15　打开 Microsoft Office Visio 2007

第二步：单击"文件"→"形状"→"网络"选项卡，分别选择"网络符号""网络和外设""详细网络图""计算机和显示器"图标组类别，在绘图区域的左侧出现工具栏，如图 1-16 所示。

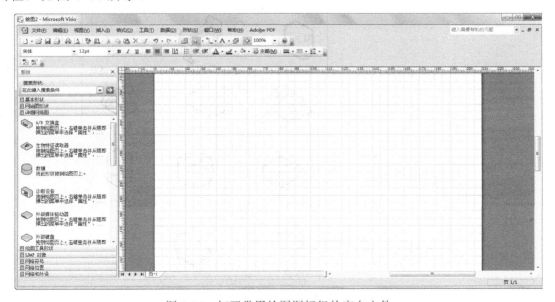

图 1-16　打开常用绘图图标组的空白文件

第三步：利用网络模板和各种网络部件绘制如图 1-17 所示的园区网拓扑图。

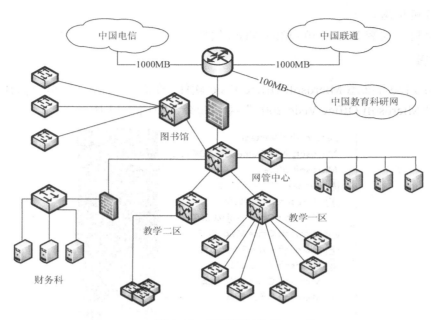

图 1-17　园区网拓扑图

第四步：练习。

（1）介绍 Microsoft Office Visio 软件中常用的网络图标。与网络有关的常用图标组如图 1-18 所示。

在 Microsoft Office Visio 软件中也可以加载第三方设备厂商的产品图库，例如，Cisco 网络设备图库。模具图库文件名后缀为 ".vss"。图 1-19 显示了 Cisco 厂商提供的交换机和显示器的外部图标。

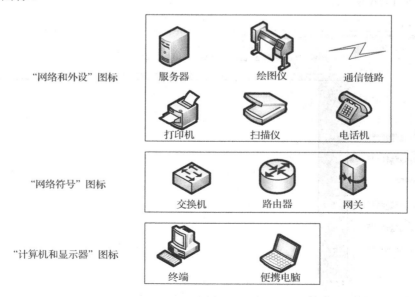

图 1-18　与网络有关的常用图标组

Cisco交换机和显示器

交换机　　　　路由器　　核心层交换机

图 1-19 外部图标

（2）如何使用 Microsoft Office Visio 软件。

① Microsoft Office Visio 文件名的后缀是 ".VSD"。

② 图标之间的连接线，应使用具有 "挂钩" 特性的连接点，这样图标移动时，连接线能如同 "橡皮筋" 一样自动伸缩。

③ 图标一般和文字配合使用。文字的插入方法可以有两种，双击图标进入文本编辑状态，输入文字，或者直接插入文本框。

④ 图标拖入绘图区即可使用。指针工具用来转换光标的状态。

⑤ 加载第三方图库的方法（例如，加载 Cisco 图标库）：单击 "文件" → "形状" → "打开模具" 选项卡，选择 "*.vss" 文件，例如，Switches.vss，Routers.vss 等。

（3）使用 Microsoft Office Visio 软件和 Cisco 图标库绘制如图 1-20 所示网络拓扑图。

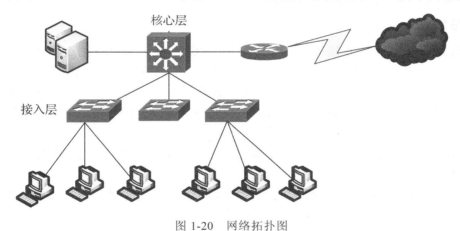

核心层

接入层

图 1-20 网络拓扑图

1.4 关 联 拓 展

步入 "移物云大" 时代

李克强总理在 2015 年政府工作报告中指出，制定 "互联网+" 行动计划，推动移动互联网、云计算、大数据、物联网等与现代制造业结合，促进电子商务、工业互联网和互联网金融健康发展，引导互联网企业拓展国际市场。

1. 网络发展历程

1969 年 10 月 29 日，阿帕网加州大学洛杉矶分校（UCLA）第一节点与斯坦福研究院（SRI）第二节点连通，实现了分组交换网络的远程通信，标志着互联网的正式诞生。1994

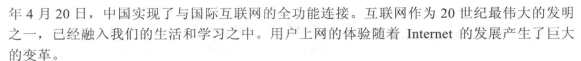

年 4 月 20 日，中国实现了与国际互联网的全功能连接。互联网作为 20 世纪最伟大的发明之一，已经融入我们的生活和学习之中。用户上网的体验随着 Internet 的发展产生了巨大的变革。

20 世纪 70 年代，美国军事研究计划局发明的 ARPARNET 给用户带来初次上网的体验。用户通过拨号接入有线传输网，共享有限的网络数据资源。

20 世纪 90 年代，Internet 发展成为公众互联网，社会步入 Web1.0 时代。用户仍需要通过拨号接入 Internet，然后通过 WWW 浏览平台享受 Web 提供的数据和语音相融合的服务。无线通信也得到并行发展，Internet 的业务范围开始向商业界拓展。

21 世纪初进入 Web2.0——全球互联网时代。随着网络用户的急剧增加，由于 IP 地址资源匮乏，IP 协议的版本从 Version 4 升级到 Version 6，Web 提供了交互服务的功能。电信网、Internet 和有线电视网三网融合，为用户提供数据、语音和视频的宽带综合业务服务，用户无须拨号便能始终在线。Internet 对传统商业产生了巨大冲击，电子商务飞速发展。

21 世纪 10 年代，光通信技术飞速发展，网络传输速率大幅提高。移动互联、物物相连，使得 Internet 成为一种泛在网，WWW 逐步成为人们的工作、生活平台。

2．移物云大

从黑白到彩屏、从按键输入到手写输入、从 2G 到 4G，移动终端逐步替代了我们生活中的很多物品。尤其是 2009 年移动终端嵌入传感器功能，使移动终端成为互联网节点，这也是物联网发展的重要前提条件。很多人也许会问："传感器早就有了，为什么嵌入智能终端才成为物联网的节点？"最重要的原因是智能终端可以无线上网，也可以通过无线网络传输数据。

互联网所涉及的移动终端、光纤技术、互联网技术和无线技术的全面发展促使"互联网+"成为可能。

目前物联网在智能家居、智能农业、智能物流、智能交通、智能安防、智能电网、智能环保、智能医疗和智能工业九大领域进行了全面应用开发，我们的城市正在"智慧化"。

云计算是一种基于互联网的计算方式。通过这种方式，共享的软、硬件资源和信息可以按需提供给计算机和其他设备。它是基于互联网相关服务的增加、使用和交付模式。云计算可以让用户体验每秒 10 万亿次的运算能力，如此强大的计算能力可以模拟核爆炸、预测气候变化和市场发展趋势。

21 世纪是数据信息大发展的时代，移动互联、社交网络、电子商务等极大拓展了互联网的边界和应用范围，各种数据正在迅速膨胀并变大，"大数据"几乎应用了全人类智力与发展的领域。2006 年，个人用户才刚刚迈进 TB（存储单位）时代，全球共新产生了约 180EB 的数据。2011 年，这个数字达到了 1.8ZB。市场研究机构预测：到 2020 年，整个世界的数据总量将会增长 44 倍，达到 35.2ZB。（$1TB=2^{40}B$；$1PB=2^{50}B$；$1EB=2^{60}B$；$1ZB=2^{70}B$；$1ZB≈10^9 TB$）

例如，国家电网年均生产数据 510TB；中国电信用户上网记录每秒 83 万条，对应年数据量 3.6PB；公交一卡通每天刷卡 4 000 万人次，地铁每天乘车 1 000 万人次，北京市交通调度中心每天数据增量 30GB，存储量 20TB；银联发卡量 43 亿张，每天近 7 000 万笔交易，交易量 1 000 亿元，日均核心交易数据 1TB，存储量 350TB；淘宝每天交易超过数千万笔，其单日数据产生量超过 50TB，峰值时处理交易达到 9 万笔/min、1GB/s，在阿里数据平台事业部的服务器上有超过 100PB 已处理过的数据；百度每天要处理 60 亿次搜索请求（谷歌为 30 亿次），新增 800TB，处理 100PB 数据，每天产生 1TB 的日志，目前存储网页数近 1 万亿，数据总量达到 EB 量级；腾讯 QQ 月活跃用户超 8 亿，微信用户 5 亿，在线人际关系链超 1 000 亿，每天 1 000 亿次服务调用，日新增 200～300TB 数据量，每月增加 10%，经压缩后的数据总存储量超过 100PB。

大数据是指社会生产生活和管理服务过程中形成的，依托现代信息技术采集、传输、汇总的，超过传统数据系统处理能力的数据，具有数据量大、数据类型多、处理速度快等特点，通过整合共享、交叉复用和提取分析可获取新知识、创造新价值。

云计算与大数据密不可分。数据是资产，云为数据资产提供存储、访问和计算业务。当前云计算更偏重海量存储和计算，以及提供云服务。盘活数据资产，挖掘价值信息，进行预测性分析，为国家、企业、个人提供决策和服务，是大数据和云计算的最终发展方向。

大数据和云计算成功运用的案例数不胜数。印第安纳大学学者利用 Google 提供的心情分析工具，从 970 万条用户留言中，预测道琼斯工业指数，准确率达到 87%；丰田公司利用数据分析在试制样车之前避免了 80% 的缺陷；百度将网民对汽车的各类搜索请求进行大数据挖掘帮助一汽等车企了解消费者需求、设计新品及资源调配；Google 把 5 000 万条美国人的搜索词和美国疾控中心在 2003—2008 年间流感传播期的数据进行比较，建立数学模型，结合 45 条检索词条，在 2009 年甲型 H1N1 流感爆发的几周前，给出了预测，与疾控中心数据相关性高达 97%。

1.5 巩 固 提 高

1．术语搭配（连线）

PC	阿帕网
ARPANET	个人计算机
CCITT	局域网
NII	国际电报电话咨询委员会
WAN	城域网
LAN	广域网
MAN	国家信息技术设施

2．简答题

（1）计算机网络的拓扑结构有哪些？简述各自的优缺点。

（2）简述计算机网络的组成。

（3）典型的网络交换技术有哪些？简述各自的优缺点。

项目 2 认识协议和网络体系结构

在完成本项目的研究后，你将能够：
- 了解什么是网络体系结构和协议。
- 知道数据从发送端到接收端的传输过程。
- 掌握分层思想解决网络通信问题。
- 了解协议簇及主要协议的功能。

2.1 体 验 感 知

【体验 1】 登录到 http://cn.ieee.org 网站和 http://www.iso.org 网站，查看 IEEE 和 ISO 这两个组织的信息。

【感受】
- 通过查阅这些网站的内容能够了解这些制定国际标准的组织产生和发展的历程，以及伴随着技术进步和发展，它们起到的推广、宣传和规范作用，同时也了解网络与通信行业的建设与发展方向。

【体验 2】描述快递包裹的通信过程。

- 完成快递包裹的邮寄至少有三个业务群体：用户、快递公司和物流公司。每个业务群体各司其职，用户负责发起通信及准备通信的内容，快递公司负责收揽管理业务，物流公司负责承担运输业务，三个业务群体分工合作共同完成包裹邮寄的任务，如图 2-1 所示。

【感受】
- 可以将邮寄包裹的过程分为三个功能，按照层次结构来完成。
- 邮寄一个包裹尚且需要通过这些步骤和群体来完成，那么传输一封电子邮件，也应该将整个通信网络的功能按层次划分后分别实现。

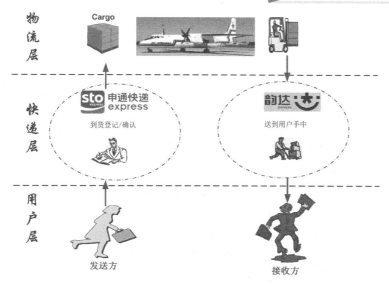

图 2-1　三层物品通信系统

2.2　提出问题

网络通信需要解决哪些问题？（比如正确性问题、安全性问题、远距离传输问题、同步问题、信号和传输介质问题……）

如何解决这么庞大的问题？

网络通信系统包含了哪些功能？怎么实现？

2.3　探究学习

2.3.1　协议与网络体系结构

1．协议

20 世纪 70 年代，PC 开始流行，但个人对数据的应用范围越来越大，信息共享的需求也越来越多，位于不同地理位置的两台或多台 PC 需能互连，互通彼此的资源，于是产生了计算机网络。比较早出现的网络基本上都源于公司的内部需求，例如，IBM 公司、DEC 公司、Intel 公司、Xerox 公司等均依托公司内部主机环境搭建了自己的局域网。

PC 之间的互连需要解决众多问题，例如：

（1）如何适应不同厂商生产出的不同网络硬件？网络是否能真正做到跨平台适应？

（2）发送方什么时候发送？接收方什么时候开始接收？

（3）数据以什么形式发送，光？电？还是电磁波？在什么传输介质上传输？

（4）发送方和接收方的传输速率如何控制？如果传输线路出现拥塞，如何控制？

（5）如果传输过程中数据出现错误，如何发现错误并纠正错误？

（6）如果发送方和接收方操作系统不一样，如何统一文件格式？

（7）传输过程中如何防止信息被窃听，如何解决安全性问题？

……

相互通信的两台计算机系统必须高度协调工作，每一个问题可能要考虑的因素和解决环节都是极其复杂的。于是网络设计师们提出了"分层"的方法。"分层"可以将庞大而复杂的问题转化为若干较小的局部问题，问题划分较小易于研究和处理。

将各种需要解决的问题按照功能分层，每一层主要解决具有一定代表性的问题，用来解决这些问题的方法就是"协议"。

为进行网络中的数据交换而建立的规则、标准或约定即称为网络协议。

协议有三要素：语法、语义和同步。

语法：数据与控制信息的结构或格式；

语义：需要发出何种控制信息，完成何种动作及做出何种应答；

同步：事件实现顺序的详细说明。

实现主机之间的通信需要很多协议来完成。因此通过分层，将能实现共同目标的众多协议划分了层次。

2．网络体系结构

计算机网络的各层及协议的集合称为网络体系结构，计算机网络体系结构就是整个网络及其部件所应完成功能的精确定义。

正如在本项目体验 2 中描述的快递包裹的通信过程一样，假设将计算机网络体系结构划分成三层：网络接入层、通信服务层和文件传输层，如图 2-2 所示。

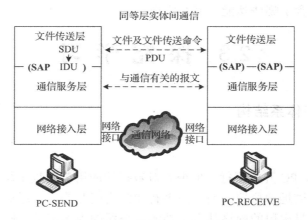

图 2-2　计算机网络体系结构

参照上图中层次划分举例，网络体系结构中需要掌握的技术术语如下。

实体：每层中的活动元素称为实体。它是指能发送和接收信息的人和东西，可以是用户应用程序、文件传输包、数据库管理系统、各种传输设备或终端等。

数据单元：同等层实体间或对等层实体间传输数据的单位。

服务：采取某些行动或报告某个对等实体的活动。层与层之间具有服务与被服务的单向关系，下层向相邻的上层提供服务，而上层调用相邻的下层服务。因此，上层为服务调用者，下层为服务提供者。

服务数据单元（SDU）：第 N 和 $N+1$ 层之间待传输和处理的数据单元。

协议数据单元（PDU）：同等层水平方向传输的最小数据单元。

接口数据单元（IDU）：由在相邻层接口间传递的分段 SDU 和一些控制信息组成。

服务访问点（SAP）：相邻层间的第 $N+1$ 层访问第 N 层的地方。

服务原语：高层调用低层的服务是通过服务原语完成的，采用了过程调用的形式。它包括请求、指示、响应和确认四种服务原语。

2.3.2 OSI 体系结构

20 世纪 70 年代，各公司内部的网络虽然可以互相通信，但公司与公司间的网络因为体系结构不同而不能互联。世界范围内的资源共享成为必然趋势，此时需要建立起一个全世界公认的网络体系结构，凡是遵照统一规范建立的网络一定能够互联。

1985 年，国际标准化组织（International Standard Organization，ISO）提出了一个全世界互联网的标准框架——开放系统互连参考模型（Open System Interconnection Reference Model，OSI-RM）。"开放"的含义即指只要遵循 OSI 标准，一个系统就可以和位于世界上任何地方同样遵循相同标准的其他任何系统进行通信。

OSI 体系结构分为七层，从下往上依次是：物理层、数据链路层、网络层、传输层、会话层、表示层和应用层。

1. 体系结构中对等层之间相互通信的机制

发送端和接收端的相同层被称为对等层。例如，发送端 PC 的应用层和接收端 PC 的应用层称为对等层。数据从发送端 PC 向接收端 PC 传输的过程如下。

在发送端，位于应用层的应用程序产生数据，数据由应用层协议数据单元（Application Protocol Data Unit，APDU）组成，然后数据沿自上而下的层次顺序从顶层应用层传输到物理层。应用层数据到达表示层后，由表示层的协议进行处理，在数据头部加上必要的控制信息，变成表示层的协议数据单元（Presentation Protocol Data Unit，PPDU）。PPDU 传输到下一层会话层，由会话层在 PPDU 的头部添加本层协议控制信息，生成会话层协议数据单元（Session Protocol Data Unit，SPDU），依次类推。到了第二层数据链路层后，控制信息分成两个部分，分别加到本层数据的首部和尾部，形成本层的协议数据单元并称为"帧"，帧再传输给最底层——物理层。由于物理层传输比特流，所以不再添加控制信息，比特是物理层的协议数据单元（Protocol Data Unit，PDU）。数据从高层向底层传递，添加控制信息的过程称为"封装"。

这一串比特流经过网络的物理媒介到达接收端时，在接收端数据从第一层物理层依次上升到最高层应用层。每一层根据控制信息进行必要的操作，将控制信息剥去，然后将剩下的数据单元上交给更高的一层，这个动作称为"拆封"。拆封后上层收到的数据正好与发送端对等层封装后传出的数据一致，逻辑上可以认为是发送端对等层直接传递过来的信息，这种传输规范称为对等层实体间互相通信的机制，如图 2-3 所示。

由此可见，协议是水平的，即协议是控制对等实体之间通信的规则。但服务是垂直的，即服务是由下层向上层通过层间接口提供的。

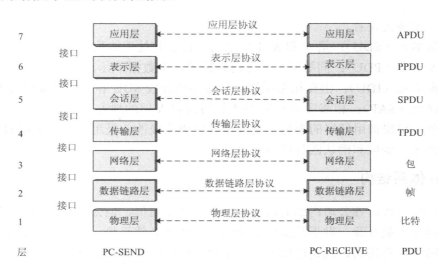

图 2-3   OSI 体系结构

2．OSI 体系结构各层的功能

OSI 体系结构共定义了七层，每一层的主要功能如下。

应用层：面向用户，提供完成特定网络功能所需要的各种应用协议。

表示层：为应用层提供服务，解决通信双方之间的数据表示问题。具体功能有（1）语法转换；（2）选择传输语法；（3）表示层实体间建立、传输和释放连接。

会话层：实现两个进程之间的通信所必须建立的一次暂时连接。具体功能有（1）提供远程会话地址；（2）建立和管理会话；（3）报文分组和重组。

传输层：实现通信子网中端到端的透明传输，完成用户资源子网中两节点间的逻辑通信。具体功能有（1）接收会话层来的数据，经通信子网实现主机间端到端的通信；（2）建立、终止传输连接，提供相应服务；（3）向高层提供可靠透明的数据，具有差错控制、流量控制及故障恢复功能。

网络层：通信子网与用户资源子网之间的接口，处理主机到主机之间数据传输的路由选择、流量差错控制及故障恢复等问题。具体功能有（1）建立和拆除网络连接；（2）分段和组块；（3）有序传输和流量控制；（4）网络连接多路复用；（5）路由选择和中继；（6）差错的检测和恢复；（7）服务选择。

数据链路层：在不太可靠的物理链路上，通过数据链路层协议实现可靠的点到点间数据传输。具体功能有（1）链路管理；（2）帧的装配与分解；（3）帧的同步；（4）流量控制与顺序控制；（5）差错控制；（6）透明传输，即令接收端能区分数据和控制信息；（7）寻址。

物理层：在物理传输介质上传输透明的比特流，为数据链路层提供服务。规定了建立物理链路的相关机械、电气、功能和过程特性。具体功能有（1）物理连接的建立、维持和释放；（2）传输比特流；（3）物理层管理。

2.3.3　TCP/IP 体系结构

OSI 体系结构是一种理想的体系结构，但它并没有成为事实上大家遵循的标准。20 世纪 90 年代初期，虽然整套的 OSI 国际标准都已经制定出来，但由于互联网已抢先覆盖了全世界相当大的范围，且世界上找不到几个厂家能生产出符合 OSI 标准的商用产品，因此在 Internet 中使用最为广泛的 TCP/IP 成为实际上的国际标准体系。

TCP/IP 体系结构分为四层，从上到下依次是应用层、传输层、网际层和网络接口层。OSI 与 TCP/IP 体系结构的对应关系如图 2-4 所示。

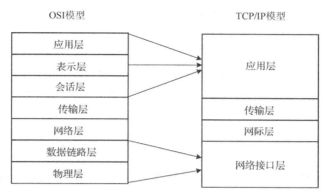

图 2-4 OSI 与 TCP/IP 体系结构的对应关系

TCP/IP 各层的功能及包含的协议如下。

应用层：对应于 OSI 模型的上三层。主要功能是向用户提供调用和访问网络中各种应用程序的接口，并向用户提供各种标准的应用程序及相应的协议。应用层的协议有很多，主要包括远程终端服务 Telnet、超文本传输协议（Hypertext Transfer Protocol，HTTP）、简单邮件传输协议（Simple Mail Transfer Protocol，SMTP）、邮件代理协议（Post Office Protocol，POP）、文件传输协议（File Transfer Protocol，FTP）、简单网络管理协议（Simple Network Management Protocol，SNMP）、域名系统（Domain Name System，DNS）等。

传输层：它在 IP 网际层提供的服务基础上向应用层提供端到端的可靠或不可靠的通信服务。端到端的通信服务指的是网络节点应用程序之间的连接服务。传输层包含的协议主要有两个：传输控制协议（Transmission Control Protocol，TCP）和用户数据报协议（User Datagram Protocol，UDP）。TCP 是一种面向连接的、高可靠性的、提供流量与拥塞控制的传输控制协议。UDP 是一种无连接的、不提供流量控制的传输协议。

传输层使用端口号来标识运行的应用进程，常见应用层协议端口号如表 2-1 所示。

表 2-1 常见应用层协议端口号

端口号	应用进程	进程名称
23	Telnet	远程终端服务
80	HTTP	超文本传输协议
25	SMTP	简单邮件传输协议
110	POP	邮件代理协议
20、21	FTP	文件传输协议
161	SNMP	简单网络管理协议
53	DNS	域名系统

网际层：网际层和传输层是 TCP/IP 体系结构的核心，负责数据包的产生及 IP 数据包在逻辑网络上的路由转发。它的主要功能是提供数据包的封装、分片及路由选择、拥塞控制。网际层只提供无连接、不可靠的通信服务。它包含的主要协议有：

网际协议（Internet Protocol，IP）。为 IP 数据包寻址和路由选择，使用 IP 地址标识网络上的所有设备，并将数据包从一个网络转发到另一个网络。

网际控制报文协议（Internet Control Message Protocol，ICMP）。用于处理路由，并协助 IP 层实现报文传输的控制，为 IP 协议提供差错报告。

地址解析协议（Address Resolution Protocol，ARP）。用于完成主机 IP 地址向物理地址的转换，物理地址也称网卡地址，是网络接口层使用的地址。

反向地址解析协议（Reverse Address Resolution Protocol，RARP）。用来完成主机物理地址到 IP 地址的转换。

网络接口层：该层对应于 OSI 模型的下两层，主要完成物理连接，并通过某些协议完成与相邻节点之间的通信。网络接口层支持的主要协议包括以太网 Ethernet 802.3、令牌环 Token Ring 802.5、公共分组交换网 X.25、帧中继 Frame Reply、点对点 PPP 等协议。

TCP/IP 体系结构主要协议栈如图 2-5 所示。

应用层	Telnet HTTP SMTP POP FTP SNMP DNS …
传输层	TCP UDP
网际层	IP ICMP ARP RARP
网络接口层	以太网802.3 令牌环802.5 X.25 Frame Reply PPP …

图 2-5 TCP/IP 体系结构主要协议栈

TCP/IP 相比 OSI 具有的优势有：

TCP/IP 一开始就考虑了多种异构网连接问题，并将 IP 协议作为整个体系中最重要的协议。

TCP/IP 将面向连接的服务 TCP 与无连接的服务 UDP 并重，而 OSI 开始时只考虑了面向连接的服务。

TCP/IP 有较好的网络管理功能，而 OSI 后期才考虑这个问题。

当然，TCP/IP 模型也有缺点，例如，对“服务”“协议”“接口”的定义没有清晰地划分，致使今后在采用新技术设计新网络时可能遇到一些麻烦。

2.3.4 实践活动

任务 1 在一台 Windows 7 或以上版本操作系统上安装和删除协议

实训目的

- 了解在 Windows 操作系统（工作站）中安装了哪些协议和服务，以及这些协议的主要功能。
- 掌握如何安装和卸载客户端、服务和协议。

实训环境

- 安装 Windows 7 或以上版本操作系统的计算机机房。

操作步骤

第一步：单击"开始"→"程序"→"控制面板"→"网络和 Internet"→"网络和共享中心"菜单命令，如图 2-6 所示。

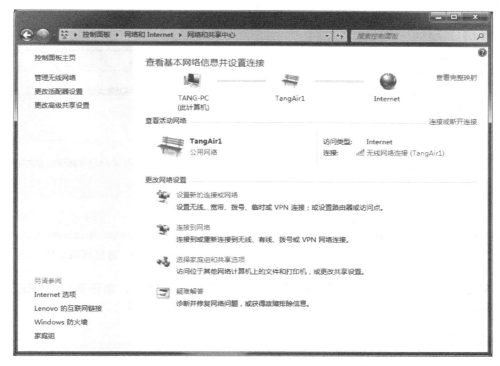

图 2-6 网络和共享中心

第二步：在"网络连接"中选择"本地连接"，右击"属性"选项，如图 2-7 所示。

图 2-7 网络连接

第三步：在弹出的"本地连接属性"对话框中，选择"网络"标签，如图 2-8 所示。

第四步：观察现有已绑定在本地连接上的协议及功能描述。

第五步：单击"安装"按钮，弹出对话框如图 2-9 所示，观察可以安装的选项。

第六步：请描述客户端、服务和协议的功能并查看当前可以安装的其他客户端、服务和协议。

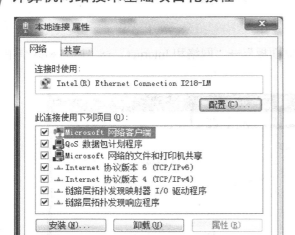

图 2-8　本地连接属性　　　　　　　　　　　　　　　图 2-9　选择网络功能类型

任务 2　从网上下载一款免费抓包软件——网络协议分析器，本任务以 WIRESHARK 为例，通过该软件捕捉数据包的功能，分析协议数据单元的封装

实训目的

● 了解数据的传输过程。
● 深刻理解封装的含义，熟悉网络体系结构的架构。
● 了解各协议控制信息的主要内容。
● 理解对等层相互通信的机制。

实训环境

● Windows 操作系统机房。
● WIRESHARK 网络协议分析软件或其他免费抓包软件。

操作步骤

第一步：打开 WIRESHARK 软件，显示如图 2-10 所示界面。

第二步：设置抓包接口，并打开浏览器，选择一个浏览网页。

第三步：单击菜单项中"抓包"→"开始"按钮，屏幕显示抓包结果，如图 2-11 所示。

图中，从上到下共有三个窗口区域，为方便说明，分别命名为区域 A、区域 B 和区域 C。区域 A 中每行显示的是一个捕获的数据包，选中某条记录，会在区域 B 中分析出该数据包的协议嵌套情况，即封装情况，在区域 C 中显示的是整个数据包的详细数据。

第四步：开始进行数据包分析。鼠标选择区域 A 中的第二条记录，即"Frame 2（第二帧）"。此时区域 B 和区域 C 的显示情况如图 2-12 所示。

图 2-10　WIRESHARK 软件界面

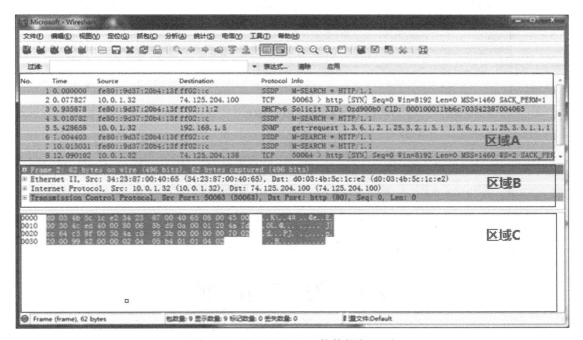

图 2-11　WIRESHARK 软件抓包界面

这部分数据共被三层协议封装，在区域 B 中从下到上的纪录中分别显示了传输层的 TCP 协议、网际层的 IP 协议和网络接口层的 Ethernet II 协议封装。当鼠标每指向区域 B 中的一条协议纪录时，区域 C 中与该协议对应的数据内容便会以蓝色底纹显示出来。抓包 —协议分析结果图如图 2-13 所示。

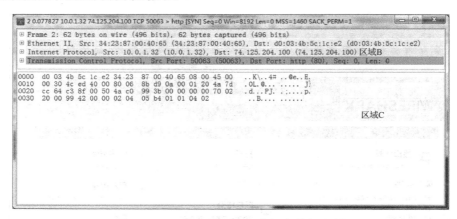

图 2-12 WIRESHARK 软件抓包数据分析

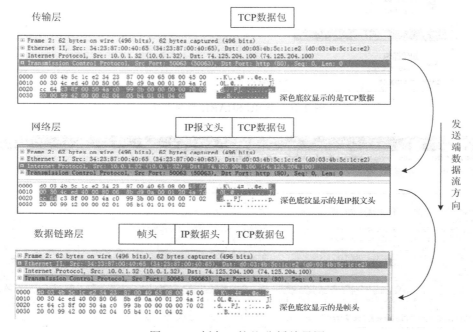

图 2-13 抓包—协议分析结果图

在软件界面上显示出发送端数据从上层向下层传输的封装过程。

2.4 关联拓展

中国 Internet 主干网

1. 中国公用计算机互联网（ChinaNet）

ChinaNet 是原邮电部建设和管理的公用计算机互联网。1994 年开始在北京和上海两个电信局实施 Internet 网络互联工程，1995 年初步建成。ChinaNet 骨干网的拓扑结构分为核心层和大区层。核心层由北京、上海、广州、沈阳、南京、武汉、成都和西安 8 个城市的核心节点组成，提供与国际 Internet 互联，以及大区之间的信息交换通路。全国 31 个省会城市以这 8 个核心节点为中心划分 8 个大区网络，提供大区内的信息交换。2003 年，中国电信拆分成南、北两个公司，北方归属中国网通，南方归属中国电信。中国网通将拆分出来的 ChinaNet 部分进行技术改造和扩容，推出"宽带中国 CHINA169"，提供组播、VPN、网络电视和视频会议等宽带业务。中国电信经营管理的中国宽带互联网也进行了技术升级，用户可以通过电话拨号、宽带和专线等接入方式入网，享受各种宽带服务。

2．中国教育科研网（CERNET）

CERNET 始建于 1994 年，是由全国骨干网、地区网和校园网构成的三级层次结构的互联网络。CERNET 网络中心设在清华大学，另外有 10 个地区中心和 38 个省级节点。CERNET 还是我国开展下一代互联网研究的试验基地。2000 年，中国下一代高速互联网交换中心在 CERNET 网络中心建成，实现了我国与国际下一代国际互联网的连接。2004 年 3 月，CERNET2 试验网开通，这是我国第一个 IPv6 主干网，也是世界上规模最大的纯 IPv6 网。在下一代互联网示范工程（CNGI）中，CERNET2 是其中最大的核心网，它以 2.5～10Gbps 的速率连接全国 25 个主要城市的 CERNET2 主干网核心节点，为全国几百所高校和科研单位提供 1～10Gbps 的高速 IPv6 接入服务，并通过下一代互联网交换中心 CNGI－61X 高速连接国内外的下一代互联网。CERNET2 已经成为我国研究下一代互联网技术、开发重大应用、推动下一代互联网产业发展的重要基础设施。

3．中国科技网（CSTNET）

中国科技网是利用公共数据通信网建立的信息增值服务网，在地理上覆盖各省市，逻辑上连接各部委和各省市科技信息机构，是国家科技信息系统骨干网，同时也是国际 Internet 的接入网。

1996 年，中国科学院正式将中国科学院院网（CASNET）命名为"中国科技网"。目前，CSTNET 由北京、广州、上海和昆明等 13 个地区分中心组成国内骨干网，拥有多条国际出口。CSTNET 以实现中国科学院研究活动信息化和科研活动管理信息化为建设目标，正在参与中国下一代互联网（CNGI）的建设。

4．中国金桥信息网（CHINAGBN）

1993 年，国务院提出了建设"三金"工程的计划。由原电子部吉通公司牵头建设的中国金桥信息网（简称金桥网）是国家公用经济信息通信的主干网。1996 年，CHINAGBN 开通互联网服务，与全国 24 个省市联网，并与 CSTNET、CERNET 和国家信息中心连通。金桥网为金关、金税和金卡等"金"字头工程服务。金关工程的目标是推动海关报关业务的电子化，为推广电子数据交换业务和实现无纸贸易提供服务。金税工程连接全国的国税系统，通过计算机网络进行统计分析和抽样稽核，发现和侦测利用增值税专用发票进行的各种犯罪活动。金卡工程建立了现代化的电子货币系统，形成了与国际接轨的金融卡业务管理体系。2003 年后，金桥网并入网通公司的公共互联网。

目前，我国主要的互联网运营商有：

（1）中国公共计算机互联网。

（2）中国科技网。

（3）中国教育和科研计算机网。

（4）中国金桥信息网（并入网通）。

（5）中国联通互联网（UNINET）。

（6）中国网通公用互联网（CNCNET）。

（7）中国移动互联网（CMNET）。

（8）中国国际经济贸易互联网（CIETNET）。

（9）中国长城互联网（CGWNET）。

（10）中国卫星集团互联网（CSNET）。

2.5 巩 固 提 高

1．术语搭配（连线）

OSI	网际协议
TCP	电气和电子工程师协会
IP	超文本传输协议
IEEE	网际控制报文协议
Telnet	地址解析协议
DNS	远程登录协议
ICMP	开放系统互连参考模型
ARP	简单网络管理协议
SMTP	域名系统
SNMP	国际标准化组织
HTTP	简单邮件传输协议
ISO	传输控制协议

2．简答题

（1）简述 OSI 体系结构共有几层，每层的功能是什么。

（2）简述 TCP/IP 体系结构的分层及每层功能。

（3）简述对等层相互通信的机制。

（4）写出 TCP/IP 体系结构的协议栈。

项目 3 认识数据通信系统

在完成本项目后，你将能够：
- 初步了解物理层解决的一些技术问题。
- 对数据通信系统有基本了解。
- 掌握基本的信号传输技术、调制技术、编码技术、复用技术、同步技术和差错控制技术。

3.1 体验感知

【体验 1】 使用示波器检测和观察计算机串口通信线路上的电信号（也可以观察单片机中串口通信线路）。

【感受】
- 若线路上传输的电信号是数字信号，则观察到的是多个离散方波（电压脉冲），如图 3-1 所示。
- 可以使用电压的"有"和"无"（或"高"和"低"）两种状态来表示计算机里的数据"1"和"0"。

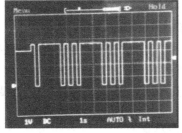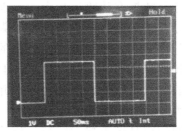

图 3-1　离散方波

【体验 2】 使用示波器检测和观察电话线路上的电信号。

【感受】
- 电话中听到的是连续的声音数据，在线路上观察到的是连续的电磁波信号，连续模拟信号如图 3-2 所示。

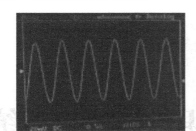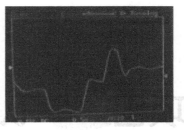

图 3-2　连续模拟信号

3.2　提 出 问 题

信号在线路中是什么形式的？

什么情况传输的信号是连续的电磁波？什么情况传输离散的方波？

如何表示计算机产生的"0"和"1"数据？

每个波形只代表 1bit 吗？

3.3　探 究 学 习

3.3.1　通信基本概念

信息：信息是对客观事物的反应，例如，对气温、性别、日期、声音、图像等事物的描述。

数据：能够反映信息的具体情况，例如，连续变化的温度值、男和女、连续变化的声波、图像中连续点的颜色值，这些都是数据。数据是事物的表示形式，而信息是数据的内容和解释。

数据有的是连续的、有的是离散的，我们将连续变化的数据称为模拟数据，将离散变化的数据称为数字数据。想一想，上述信息所反映的数据中哪些是数字数据？哪些是模拟数据？

信号：信号是数据在传输过程中的物理表现形式，当信号以电的形式传输时，称为电信号。电信号可以是连续的电磁波，称为模拟信号；也可以是离散的方波，称为数字信号，正如我们在体验课堂中通过示波器观察到的一样。信号还可以用无线电、光等形式传输。

模拟信号和数字信号可以直接传输，但是特性不同。

模拟信号的优点是直观且容易实现，并通过分配频段可以同时传输多路信号；主要缺点是抗干扰能力弱。

数字信号的优点是抗干扰性能好，传输的信号质量高；主要缺点是占用频带较宽，链路利用率低，技术要求复杂，对同步技术要求精度很高。在数字技术仍有众多问题的早期，远距离通信信号大多数在发送端将计算机产生的数字信号通过调制解调器（Modem）转换成模拟信号后再传输，到接收端再由调制解调器将模拟信号转换成数字信号传给计算机。

信道：传输模拟信号的信道称为模拟信道；传输数字信号的信道称为数字信道。信道还有物理信道和逻辑信道之分。用来传输信号的物理通路称为物理信道，物理信道由传输介质和连接器件组成。逻辑信道指在物理信道的基础上，通过节点内部建立的多条逻辑通道。例如，按照频带不同，一条物理信道上可以有多条逻辑信道。

3.3.2 调制和编码

"调制"是将基带信号转换成适于信道传输的频带信号的过程。将已调信号恢复成原始的基带信号的过程称为"解调"。基带信号是未经过调制的数字信号或模拟信号，它是原始信号，也被称为调制信号。

调制过程需要载波信号，载波或载频（载波频率）是一个物理概念，其实就是一个特定频率的无线电波，单位为Hz。我们将数字信号或模拟信号调制到一个连续的高频载波上，然后再发送和接收。所以载波是传输信息（话音和数据）的物理基础，是最终的承载工具。形象地说，载波是一列火车，用户的信息是货物。

调制的具体过程是用基带信号去控制载波信号的某个或几个参量的变化，将信息荷载在其上形成已调信号。调制技术包括幅度调制、频率调制和相位调制，如图 3-3 所示。

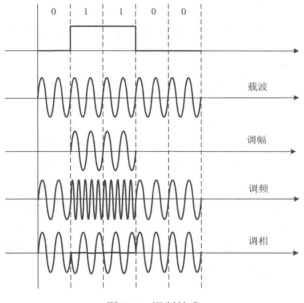

图 3-3　调制技术

调幅（Amplitude Modulation，AM），使载波的幅度随调制信号的大小变化而变化的调制方式。

调频（Frequency Modulation，FM），使载波的瞬时频率随调制信号的大小而变，但幅度保持不变的调制方式。

调相（Phase Modulation，PM），利用调制信号控制载波信号的相位。

用来实现调制解调功能的设备称为调制解调器（Modem）。由于普通电话线上只能传输模拟信号，因此调制解调器要将计算机上的数字信号调制成模拟信号后经电话线传输，载波携带着计算机上的数字信息传输到对方的调制解调器上进行解调后才能传输给对方计算机。

调制后传输的是高频电磁波，编码后传输的则是脉冲信号。

脉冲编码调制（Pulse Code Modulation，PCM）技术是将模拟信号转换为数字信号的一种编码技术。它的具体过程分为三步：采样、量化和编码，脉冲编码调制如图3-4所示。

第一步：将连续变化的模拟信号（语音信号）通过一定频率的采样变成离散的采样电信号。

第二步：将每个采样点的幅值用一组规定的电平值量化。

第三步：将每个采样点量化后的幅值使用一组二进制码来表示，即编码。

脉冲编码调制技术是最常用的将语音信号数字化编码的方法。

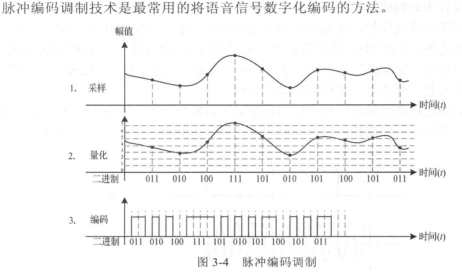

图3-4　脉冲编码调制

传输数字信号的过程必须解决编码和同步问题。编码即什么信号代表"1"和"0"，同步即如何从连续的脉冲信号中精确地区分每个信号的起始和结束。用来进行编码和解码的设备是编码解码器。

常见的编码方法有非归零编码、曼彻斯特编码和差分曼彻斯特编码。其中，曼彻斯特和差分曼彻斯特编码规则中信号自带同步信息。目前为适应高速以太网的发展，数字编码又出现了许多新的技术，二进制数据通过各种编码技术后在传输过程中的代码不同，各种编码的抗噪声特性、定时能力和实现费用都不一样。

非归零编码的规律是当"1"出现时电平跳变，当"0"出现时电平不变。通过电平是否跳变来区分"1"和"0"。这种编码不能自己定时，收发双方需要再配置定时线路。非归零编码用在终端到调制解调器的接口中。

曼彻斯特编码的规律是用高电平到低电平的跳变表示"0"，而用低电平到高电平的跳变表示"1"。比特中间的跳变既反映了数据，也作为定时信号使用。曼彻斯特编码用在以太网中。

差分曼彻斯特编码的规律是比特中间的电平跳变仅作为定时信号，不表示数据。每比特开始处是否有电平跳变代表数据：有电平跳变代表"0"，没有电平跳变代表"1"。差分曼彻斯特编码用在令牌环当中。

数字编码技术如图3-5所示，表示了三种编码方案的区别。

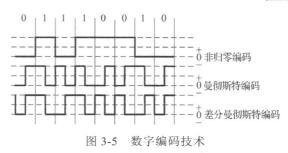

图 3-5 数字编码技术

3.3.3 数据通信系统模型

数据通信系统的一般结构包括三部分：数据终端设备（Data Terminal Equipment，DTE）、数据通信设备（Data Communication Equipment，DCE）和通信线路，数据通信系统模型如图 3-6 所示。

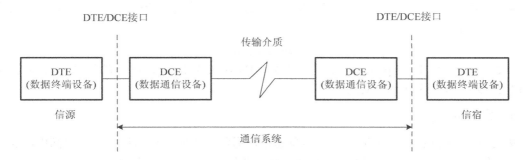

图 3-6 数据通信系统模型

数据终端设备：指用于处理用户数据的设备，是数据通信的信源和信宿。

数据通信设备：连接在信源和信宿之间，用来将 DTE 发出的信号转换成传输介质上传输的信号形式，在接收端再转换成计算机能够接收的数字信号形式的设备。调制解调器、编码解码器都称为数据通信设备。

通信线路：物理上指连接在信源和信宿之间的传输介质，逻辑上可以是一条逻辑通信线路。

3.3.4 数据通信的性能指标

1．比特率

- 指单位时间内所传输的二进制代码的有效位数。
- 单位：bps，kbps 等。

2．码元

- 指信道上传输的一个数字脉冲或一个电磁波，它是信息传输的最小单位。
- 单位：个。

3．波特率

- 指在线路上每秒钟传输的码元个数。

- 单位：Baud。
- 衡量载波模拟信号的传输速率或数字脉冲的传输速率。

4．数据传输速率

- 单位时间信道内传输的信息量，用来衡量设备传输数据的能力。
- 单位：bps，kbps。
- 信号经调制后的数据传输率公式是：

$$S=B\log_2 N$$

式中，S 为数据传输率；B 为调制后的脉冲频率；N 为调制电平数或码元状态数。

5．信道容量

- 指信道传输信息的最大能力，也称极限传输速率，用来衡量信道承载信息的能力。
- 单位：bps。
- 用来计算信道容量的公式，也称"香农定理"，它是有噪声、有限带宽信道极限容量的计算方法。

$$C=B\log_2(1+S/N)$$

式中，C 为信道容量（bps）；B 为信道带宽（Hz）；S 为接收端信号的平均功率（W）；N 为信道内噪声的平均功率（W）。

6．吞吐量

- 指单位时间内网络能够处理的信息总量，通常指组成网络的设备单位时间内能够成功传输信息的总量，可以理解成设备或由设备组成的网络系统的最大数据传输率。
- 单位：bps。
- 总线网络的吞吐量=信道容量×传输效率。

7．误码率

- 指信息传输的错误率。
- 是衡量传输可靠性的指标。
- 计算公式：$P_e=N_e/N$

式中，P_e 为误码率；N_e 为出错的位数；N 为传输的总位数。

8．信道带宽

- 指信道所能传输的信号频率宽度。
- 单位：Hz。
- 计算公式：最高频率−最低频率。

9．信道的传播延迟

- 指信号从信源传播到信宿所需要的时间，也称时延。
- 单位：s，ms，μs 等。
- 计算公式：时延=距离/信号传播速度。

3.3.5 数据传输技术

1. 基带传输、频带传输、宽带传输

基带传输：在传输线路上直接传输未经调制的基带信号的方法称为基带传输。

频带传输：将代表数据的二进制信号，通过调制解调器，变换成具有一定频带范围的模拟信号进行传输，在接收端将模拟信号解调成数字信号的过程。

宽带传输：将信道划分成多个逻辑信道，能同时提供数字信息服务和模拟信息服务，传输声音、图像和数据的过程。宽带传输现已被广泛运用在各种类型的网络中。

2. 并行传输和串行传输

并行传输：在传输过程中，一次传输一组（多位）二进制数的过程称为并行传输。在计算机内部各部件之间都采用并行传输，每次传输的二进制位数由总线位数决定。并行传输适用于短距离、传输速率要求高的环境。

串行传输：在传输过程中，一次只传输一位二进制数的过程称为串行传输。串行传输适用于远程传输的环境，例如，在使用调制解调器进行数据通信时，发送端计算机内部产生的并行数据转换成串行数据，接收端仍需要将串行数据转换成并行数据传输给计算机。

3. 单工、半双工和全双工（见图 3-7）

单工通信：通信的一方只有发送设备，另一方只有接收设备。单工通信只支持数据在一个方向上传输。

半双工通信：通信双方均有发送设备和接收设备，但只能轮流工作而不能同时发、收。半双工通信支持数据轮流在两个方向上分别传输。

全双工通信：通信双方各有发送设备和接收设备并可以同时收、发数据。全双工通信一般采用四线制，一对线用于发送数据，另一对线用于接收数据。显然，全双工通信方式效率较高。

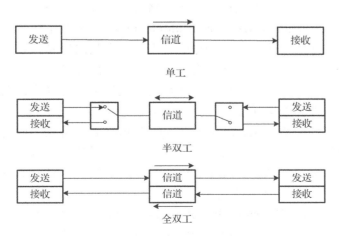

图 3-7 单工、半双工和全双工

4．同步技术

不同的编码方案中都需要解决定时问题，定时的目的是使收发双方能够精准定位每一位的开始和结束。无论是曼彻斯特编码还是差分曼彻斯特编码，编码方案中解决的都是每比特之间的同步，称为"位同步"。为解决同步问题，保证接收精准，提高传输效率，在传输一个字符或由多个字符组成的数据块时，也需要让接收方知道什么时候开始接收，即解决"字符同步"的问题，字符同步可以有异步传输和同步传输两种方法。

异步传输：以字符为数据传输单位，在字符之间插入同步信息。同步信息包括在字符前插入起始位"0"，在字符后插入停止位"1"。没有字符传输时连续传输停止位，当接收方接收到起始位时，立即置位时钟，接收 8～11 位的起始位精准定位后开始传输字符，如图 3-8 所示。因为起止位和校验位的加入，异步传输增加了 20%～30%的数据开销，传输速率不高，不适合传输大的数据块。

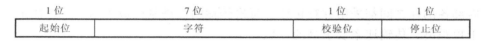

图 3-8　异步传输数据块结构

同步传输：指以一个数据块为传输单位，在发送数据块前先发送一串同步字符 SYNC，接收方只要检测到连续两个以上 SYNC 字符就确认已进入同步状态，准备接收信息。在数据传输过程中双方以同一个频率工作（编码中自带时钟同步信号），直到传输结束。同步传输适合短距离高速率数据传输场合，如图 3-9 所示。

图 3-9　同步传输数据块结构

5．多路复用技术

多路复用技术用于将多个低速信道组合成多个高速信道的场合。实现多路复用技术的设备称为多路器。在发送端多路器起到复用的作用，在接收端多路器起到分配的作用。常见的多路复用技术包括频分多路复用、时分多路复用和波分多路复用等。

频分多路复用（Frequency Division Multiplexing，FDM）是在一条物理传输线路上使用多个频率不同的载波信号进行多路传输的技术。每个载波信号形成一个子信道，各个子信道的中心频率不重合，子信道之间留有一定宽度的隔离频带。公共交换电话网采用频分多路复用技术将多户住宅线路复用到一根通往局方交换机的传输线路上，如图 3-10 所示。频分多路复用技术将线路在频域上划分为多个信道。

时分多路复用（Time Division Multiplexing，TDM）是设置某个固定时隙的时间片，时间片顺序轮流分配给每个子信道，得到时间片的信道占用整个信道带宽。时间片的大小可以设置为一次传输一位、一个字符或一个固定大小的数据块。时分多路复用技术将线路在时域上划分为多个信道，如图 3-11 所示。

波分多路复用（Wave Division Multiplexing，WDM）适用于光纤通信，不同的子信道使用不同波长的光波作为载波，复用后线路中同时传输所有子信道不同波长的光信号。波分多路复用技术需要使用光多路器，如图 3-12 所示。

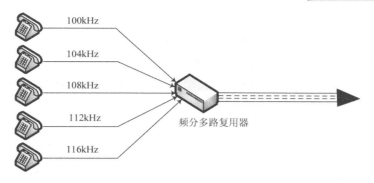

图 3-10　频分多路复用

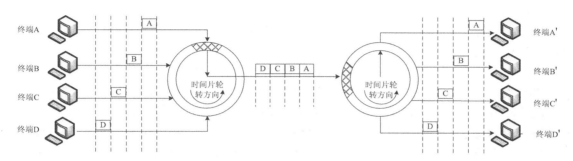

图 3-11　时分多路复用

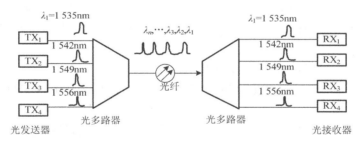

图 3-12　波分多路复用

6．差错控制技术

在传输过程中，信号由于各种噪声干扰会产生差错。通信信道中的噪声分为热噪声和冲击噪声。

热噪声是由传输媒介的电子热运动产生的，其特点是时刻存在，幅度小，干扰强度与频率无关，但频谱很宽，属于随机噪声。由热噪声引起的差错属于一种随机差错。

冲击噪声是由外界电磁干扰引起的，与热噪声相比，冲击噪声的幅度较大，是引起差错的主要原因。冲击噪声持续时间与数据传输中每比特的发送时间相比可能较长，因而冲击噪声引起的相邻多个数据位出错呈突发性。冲击噪声引起的传输差错称为突发差错。

造成差错的原因可能包括：物理信道本身的电气特性随机产生的信号幅度、频率、相位的畸形和衰减；相邻线路之间的串线干扰；大气中的闪电、电源开关的跳火、自然界磁场的变化及电源的波动等外界因素。

因此通信过程中必须考虑如何发现和纠正信号传输中的差错。

目前差错控制常采用冗余编码方案，检测和纠正信息传输中产生的错误。

冗余编码的思想就是：把要发送的有效数据在发送时按照所使用的某种差错编码规则加上控制码（冗余码），当信息到达接收端后，再按照相应的校验规则检验收到的信息是否正确。

（1）奇偶校验码。

在每个 7 位 ASCII 代码后增加一位校验位，根据采用的是奇校验还是偶校验决定新增位是"1"还是"0"。奇校验码字中"1"的个数是奇数，偶校验码字中"1"的个数是偶数。发送方和接收方采用相同的校验方法。接收机重新计算收到码字中"1"的数量来确定该字符是否出现传输差错。

若每个字符只采用一个奇偶校验位，只能发现单数个比特差错，如果有双数个比特差错，奇偶校验无效。

（2）CRC 循环冗余校验码（Cyclic Redundancy Code，CRC）。

CRC 是一种较为复杂的校验方法，它先将要发送的信息数据[称为信息多项式 $D(X)$]与一个通信双方共同约定的数据[称为生成多项式 $G(X)$]进行除法运算，并根据余数得出一个校验码，然后将这个校验码附加在信息数据帧之后发送出去。接收端接收数据后，再将包括校验码在内的数据帧与约定的数据进行除法运算，若余数为"0"，表示接收的数据正确，若余数不为"0"，表示数据在传输过程中出错。

例如，信息码为 110100，生成多项式 $G(X)=X^4+X+1$，求取 CRC 码的数学过程如下。

第一步：根据信息码得出信息多项式 $D(X)=X^5+X^4+X^2$，生成多项式的阶 $R=4$（生成多项式的最高次幂）。

第二步：将信息码左移 R 位，得到 $D'(X)=X^9+X^8+X^6$。

第三步：用模 2 除法求得 $D'(X)/G(X)$ 的余数，即 (1101000000)/(10011) 余数为 0011，即 CRC 码。

第四步：将该余数附加在原信息码后面，得到需要传输的带有 CRC 校验位的信息码。

第五步：接收方接收到信息码后，使用相同的生成多项式重复步骤三，若余数为 0，则认为传输正确，否则传输错误。

数学分析表明，具有 R 个校验位的多项式能够检测出所有长度小于等于 R 位数据的突发性差错。因此生成多项式不同，检错能力就不同。

3.3.6　实践活动

任务 1　波特率和比特率之间的换算

实训目的

- 理解波特和比特之间的关系。
- 深刻理解数据传输速率的计算方法。
- 理解使用数字信号表示数字数据的方法。
- 理解使用模拟信号表示数字数据的方法。

实训环境

● 铅笔和纸。

操作步骤

场景一：

调制电平数为 16，每个数字脉冲宽度为 1.6×10^{-9} 秒，问波特率是多少？数据传输速率是多少？每发送 1bit 的延时是多少？

第一步，查找波特率的概念，确定在本场景中描述的是模拟信号还是数字信号？由已知条件得出每个信号的宽度所占用的时间，结合波特率的概念，得到每秒钟可以传输的信号的个数（1/信号宽度）。

第二步，在前面的探究学习过程中，我们探讨过用模拟信号表示数字数据（调制）的方法，本场景使用数字信号表示数字数据，且调制电平数为 16，如何调制呢？图 3-13 分别描述了电平调制技术中 2 级电平调制和 4 级电平调制时数据传输情况。

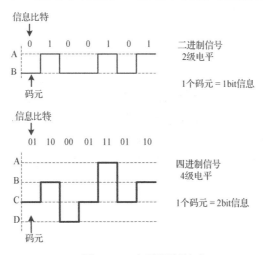

图 3-13　电平调制技术

图 3-13 中 A～D 表示调制后的电平级别，对于 1 个用二进制表示的信号（2 级电平），每个码元包含 1bit 信息，其信息速率与码元速率相等；对于 1 个用四进制表示的信号（4 级电平），每个码元包含了 2bit 信息，因此，它的信息速率应该是码元速率的 2 倍。

一般来说，采用 M 进制电平传输信号时，信息速率和码元速率之间的关系如下所示。

$$S=B\log_2 N$$

在图 3-13 中，$N=2$ 或 $N=4$。思考并写出场景一中 B 和 N 分别是多少？

第三步，画出调制电平数为 16，传输 00011011 数据位的脉冲波形图。

第四步，套用公式，得到场景一中的比特率及每比特所占用的延时。

场景二：

在八相调制下，每码元宽度为 100μs，问波特率是多少？数据传输速率是多少？每发送 1bit 的延时是多少？

第一步，当使用模拟信号表示数字数据时，有调幅、调频、调相或混合调制等方法，查找相位调制的概念。相位调制通过改变电磁波的相位来表示"1"和"0"。如图 3-14 所示，每码元所承载的二进制数是不是更多了？

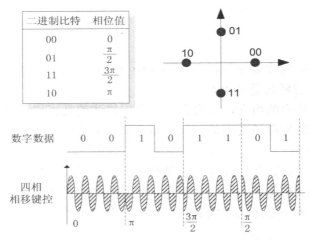

图 3-14　相位调制技术

将待发送的数字信号按 2bit 一组的方式组织，因为 2bit 可以有 4 种组合方式，即"00、01、10、11" 4 个码元，所以用 4 个不同的相位值就可以表示出这 4 组组合。在调相信号传输过程中，相位每改变一次，传输 2bit，这种调制方法就称为四相相移键控——多相调制法。因此不同调制方法的数据的传输速率是不同的。

第二步，同理，请分析在八相调制后，每个不同相位的码元可以携带几比特？

第三步，参照电平调制法，在纸上分析出波特率和比特率。

任务 2　冲突检测

实训目的

● 理解共享传输介质的使用规范。

● 深刻理解信号在传输介质中的传输特性。

● 理解检测冲突的方法。

环境要求

铅笔和纸。

操作步骤

场景三：

长 2km、数据传输率为 10Mbps 的基带总线局域网，信号传播速度为 200m/μs，若两相距最远的站点在同一时刻发送一个 1 000bit 的帧，则经过多长时间两站检测到冲突？

第一步，请在互联网上查阅资料，描述电信号的"冲突"含义。

第二步，如图 3-15 所示，分析信号从设备 A 发出，然后通过传输到达中点 C 的时间。

分析得知，这部分时间应该包括信号从设备 A 发出的时间 T_1 和信号在传输线路上传输的时间 T_2。

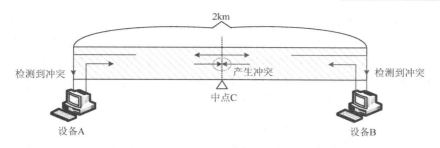

图 3-15 场景三示意图

T_1 的时间应该从设备的数据传输率 S_1（bps）和传输信息总量 M（bit）求得。

$$T_1 = M/S_1\text{（s）} = 10^{-4}\text{s} = 100\mu s$$

其中，M=1 000bit；$S_1 = 10^7$bps。

T_2 的时间即传播到中点 C 的延时，应该由传播速度 S_2（m/s）和传播距离 D（m）得到。

$$T_2 = D/S_2$$

其中，D=2 000m/2=1 000m，S_2=200m/μs=2×10^8m/s。

第三步，分析若设备 A 和 B 同时发送信号，会在哪个位置产生冲突？因为两站点数据传输速率一致且信号传播速率相同，所以冲突产生的位置应该在中点。

第四步，分析对于设备 A 或设备 B 来说，何时才能发现冲突？产生冲突的信号在中点经过碰撞后返回设备 A，A 才能检测到冲突。所以，检测到冲突的时间 T 由如下公式计算。

$$T = D \times 2/S_2 = 10^{-5}\text{s} = 10\mu s$$

第五步，请思考两个问题。

（1）冲突产生的时间和检测到冲突的时间一致吗？

（2）若经过碰撞后的冲突信号返回时，发送设备的数据已经发送完毕（即 $T_1 < T$），还能检测到冲突吗？

3.4 关联拓展

传感世界

要将数据在网络中进行传输，人们首先想到将这些信息变成与之变化相适应的电信号，如何将这些现实生活中的信息转换成电信号呢？这需要一个神通广大的器件——传感器。传感器是一种检测装置，能够感受到被测量的信息，并能将被感受到的信息按照一定规律转变成电信号，以满足对信息的传输、处理、存储、显示、记录和控制。传感器的存在和发展，让物体有了触觉、味觉和嗅觉等感官，让物体慢慢变得活了起来。通常根据其基本感知功能分为热敏元件、光敏元件、气敏元件、磁敏元件、湿敏元件、声敏元件、放射敏元件、色敏元件、味敏元件等十大类。可以说，各种各样的传感器帮助人们将从外界获取的信息准确可靠地转换成电信号，使得一切信息能够借助现代化、信息化手段进行传输、处理、存储和控制，它是现代科学发展的基础。因此可以说，传感器是人类五官的延长，又称为电五官。想一想，电话机里是否也有传感器？它包含了哪类敏感元件？

依托传感器将不同形态、特征的物体连接在一起组成的网络被称为"传感网"，也叫"物联网"。这些年来，物联网发展势头猛烈。我们家用的智能热水器、智能扫地机、智能电饭煲、智能台灯、智能空气净化器等电器通通变成了物联网的一个终端节点。为什么称为"智能"呢？因为通过安装在电器中的传感器，可以实时地检测到水质、空气质量、时间、温度，然后将其变成电信号（或光信号）传输给控制中枢。手机可以是控制中枢，在手机上安装这些电器的管理软件，通过对传感器感受到的信息进行远程监视和控制，即可随时随地遥控这些智能设备。

目前我国利用传感技术开发智能制造、智能环保、智能交通、智能医疗、智能物流、智能电力、智能农业等重大典型应用，这些应用逐步带动我国乃至全世界物联网产业快速发展。你能想象出未来世界会发展成什么样子吗？我们的生活越来越便利是毋庸置疑的了。

3.5 巩固提高

1. 术语搭配（连线）

PCM	调幅
AM	调频
FDM	调相
FM	数据终端设备
WDM	脉冲编码调制
CRC	数据通信设备
MODEM	循环冗余校验
BAUD	波特
DTE	比特每秒
BPS	赫兹
DCE	频分多路复用
Hz	时分多路复用
PM	波分多路复用
TDM	调制解调器

2. 简答题

（1）吞吐量、信道容量和数据传输速率各指什么？有什么区别？

（2）简述 CRC 校验的基本原理。

（3）数据通信系统包含哪几部分？请画出示意图。

（4）数字数据用模拟信号表示有哪几种方法？模拟语音数据的传输采用什么编码方法？

（5）同步技术解决的是什么问题？有哪些解决方案？

第二部分
组建局域网

项目 4 组建双机有线对等网

在完成本项目后，你将能够：

- 了解网络的基本组成。
- 了解常用的网络传输介质。
- 掌握 IP 地址的格式和基本使用方法。
- 使用几个常用的网络测试命令。
- 架构一个最简易的双机有线网络。
- 配置网络共享属性。

4.1 情境描述

家中新购置了两台计算机，其中一台计算机连接了打印机，且作为主要工作设备，另一台计算机主要用于上网、游戏及资源备份。家人希望这两台计算机中的软、硬件资源能够共享使用，有什么办法吗？

4.2 需求分析

解决途径 1：使用 U 盘或移动硬盘将文件进行相互复制。当共享的文件不大时，这个办法可以解决燃眉之急，但是速度慢，并且解决不了打印机共享的问题。

解决途径 2：将两台计算机连接在一起，组建一个局域网。这个办法可以共享文件和打印机。

如果能够将两台计算机连接起来，组建一个最简单、最微型的局域网，就能充分发挥网络优势，解决资源共享、数据通信的基本问题。要达到设计目标必须考虑的问题如下：

（1）通信模式规划。计算机之间传输信息使用什么通信模式？遵循的线路布线标准是什么？

（2）网络硬件规划。使用什么网络介质互连计算机？主要包含哪些网络硬件？

（3）网络软件规划。采用哪些网络软件？如何进行通信和共享设置？

（4）网络功能目标测试。使用什么测量工具？测试目标是什么？

4.3 探究学习

4.3.1 有线传输介质

1. 双绞线

将两根相互绝缘的铜导线并排放在一起，然后用规则的方式绞合起来就构成了双绞线（Twisted Pair）。绞合的目的是减少相邻导线之间的电磁干扰。多对双绞线一起包在绝缘套管中即是平时看见的双绞线电缆，简称"双绞线"。

（1）双绞线的分类。

双绞线可以分为屏蔽双绞线（Shielded Twisted Pair，STP）和非屏蔽双绞线（Unshielded Twisted Pair，UTP）。区别在于屏蔽双绞线的外面还有一层用金属丝编织成的屏蔽层，屏蔽层提高了双绞线的抗电磁干扰能力。图 4-1 展示了屏蔽双绞线的结构。

图 4-1　屏蔽双绞线的结构

按电气标准双绞线有一类线 CAT1、二类线 CAT2……七类线 CAT7，目前常用于计算机网络中的是 CAT3、CAT5、CAT5e（超五类）和 CAT6。双绞线特性表见表 4-1。

表 4-1　双绞线特性表

序号	类型	最高传输速率	网段最大距离	主要应用
1	CAT3	10Mbps	100m	语音、10BASE-T、4Mbps 令牌环
2	CAT5	100Mbps	100m	100 BASE-T 和 1 000 BASE-T
3	CAT5e	1Gbps	100m	1 000 BASE-T
4	CAT6	1Gbps	100m	1 000 BASE-T

（2）线序标准。

目前在国际上应用最广泛的双绞线布线标准 EIA/TIA-568 是由美国通信工业协会（Telecommunication Industries Association）和美国电子工业协会（Electronic Industries Alliance）共同制定的。该标准定义了两个线序 T568A 和 T568B，双绞线线序标准及功能见表 4-2。

表 4-2　双绞线线序标准及功能

标准	1	2	3	4	5	6	7	8
T568A	白绿	绿	白橙	蓝	白蓝	橙	白棕	棕
T568B	橙白	橙	白绿	蓝	白蓝	绿	白棕	棕
绕对	同一线对		与 6 绕对	同一线对		与 3 绕对	同一线对	
功能（10Mbps/100Mbps 以太网）	发送数据	发送数据	接收数据	保留	保留	接收数据	保留	保留

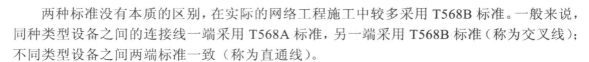

两种标准没有本质的区别，在实际的网络工程施工中较多采用 T568B 标准。一般来说，同种类型设备之间的连接线一端采用 T568A 标准，另一端采用 T568B 标准（称为交叉线）；不同类型设备之间两端标准一致（称为直通线）。

2．同轴电缆

同轴电缆由内导体铜质芯线、绝缘层、网状编织的外导体屏蔽层及保护塑料外层组成。按照特性阻抗数值的不同，同轴电缆可以分为如下两类。

基带同轴电缆：主要用来传输基带信号。它分为细缆 RG-58 和粗缆 RG-11。细缆阻抗 50Ω，用于 10BASE-2 以太网的连接，最大传输速率为 10Mbps，同一网段最大传输距离为 185m。粗缆阻抗 75Ω，用于 10BASE-5 以太网的连接，同一网段最大传输距离为 500m。

宽带同轴电缆：阻抗 75Ω，主要用于模拟传输系统，传输频分复用的宽带信号，它是有线电视 CATV 中的标准传输电缆。

目前，高速局域网发展迅猛，由于同轴电缆传输特性的局限性，使其在计算机网络中应用的越来越少。

3．光纤

光纤是能够导光的玻璃纤维，利用光纤传输光脉冲进行通信，即光纤通信。光纤传输的是数字信号，有光脉冲表示比特 1，没有光脉冲表示比特 0。

（1）光纤的分类。

光纤是利用光的全反射特性来导光的。光纤主要由纤芯和包层构成，当光以某一角度射入光纤端面时，会在光纤的纤芯和包层的交界面上产生全反射从而传输信号。

当光纤的直径较大时，可以允许光波以多个特定的角度射入光纤端面，并在光纤中传播，此时称光纤中有多个模式。当光纤的直径减小到只有一个光的波长大小时，光就像一根波导那样，它可使光线沿直线传播，而不会产生多次反射，沿光纤轴传播的传输方式称为基模。以不同角度入射的多条光线在一条光纤中传输的传输方式称为多模光纤，只允许通过一个基模的光纤称为单模光纤。图 4-2 为光纤通信原理示意图。

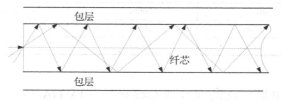

图 4-2　光纤通信原理示意图

多模光纤：纤芯的直径有 50μm 和 62.5μm 两种，工作波长包括 850nm 和 1 300nm。通常用于传输速率相对较低，传输距离相对较短的网络中。

单模光纤：纤芯的直径通常为 8μm、9μm 和 10μm，传输的光波长通常为 1 310nm 和 1 550nm。多用于传输距离长，传输速率相对较高的网络中。

（2）光纤的特点。

● 光纤直径小，重量轻。

● 传输损耗小，中继距离长，远距离传输成本低。

- 传输带宽远大于其他各种有线传输介质的带宽。
- 不受电磁干扰，防腐，不会锈蚀。
- 不怕高温，防爆，防火性能强。
- 无串音干扰，保密性好。
- 光纤对接要求精确的连接设备。

（3）光纤接口。

光纤接口是为了使两条不同的光纤接续在一起的光纤末端装置。目前的技术使用光纤接口，可以不需要熔接光纤，在使用上更加方便快捷。常用的光纤接口有 SC、ST、FC、LC 四种，不同接口在大小及接续方法上有差别。

FC（Ferrule Connector）：其外部加强方式为金属套，紧固方式为螺丝扣。这种接头使用旋转方式连接，容易对纤芯造成划伤，已逐渐被淘汰。

SC（Standard Connector）：卡接式方形接口，通常用于 100BASE-FX。

ST（Straight Tip）：卡接式圆形接口，连接方法是插入然后旋转外面的卡套。通常用于 10BASE-F、多模光纤。

LC（Lucent Connector）：方形接口，较 SC 接头小，用来取代 SC 接口。

图 4-3 为不同接头的光纤跳线示意图。

图 4-3　不同接头的光纤跳线示意图

表 4-3 为光纤物理层传输标准对比表。

表 4-3　光纤物理层传输标准对比表

序号	局域网类型	物理层标准	传输介质	双工模式	每段最大距离
1	快速以太网	100Base-FX	多模光纤	全双工	2 000m
			单模光纤		20km
2	千兆以太网	1 000Base-LX	多模光纤	半双工	316m
				全双工	550m
			单模光纤	半双工	316m
				全双工	5 000m
3		1 000Base-SX	62.5μm 多模光纤	半双工、全双工	275m
			50μm 多模光纤		550m
4	万兆以太网（局域网）	10 000Base-SR（Short Range）	多模光纤，850nm 波长激光	全双工	300m
5		10 000Base-LR（Long Range）	单模光纤，1 310nm 波长激光	全双工	10km
6		10 000Base-ER（Extended Range）	单模光纤，1 550nm 波长激光	全双工	40km
7	万兆以太网（面向广域网）	10 000Base-SW（Short WAN）	多模光纤，850nm 波长激光	全双工	300m
8		10 000Base-LW（Lone WAN）	单模光纤，1 310nm 波长激光	全双工	10km
9		10 000Base-EW（Extended WAN）	单模光纤，1 550nm 波长激光	全双工	40km

4.3.2 网卡

1．网卡的概念

网卡又称网络接口卡（Network Interface Card）或网络适配器（Network Interface Adapter）。它是用来连接计算机与网络电缆之间的接口设备，工作在物理层和数据链路层。它可以连接双绞线、同轴电缆和光纤，也可以通过电磁波进行无线通信。一台计算机或网络设备可以安装一块网卡，也可以安装多块网卡，安装多块网卡的计算机又称多穴主机。

2．网卡的功能

（1）实现局域网中传输介质的物理连接和电气连接。

（2）执行网络控制命令，完成发送和接收数据。

（3）具有数据缓存功能，使发送和接收数据的速率相匹配。

（4）具有介质访问控制、数据帧的封装与拆封、差错校验、信号编码/解码和串并转换等数据链路层功能。

3．网卡特性

用户在选择网卡时需要综合考虑网卡的各项指标。

（1）支持的局域网：以太网、FDDI、快速以太网、千兆以太网、令牌环网等。

（2）支持的计算机总线：ISA、EISA、PCI、PCMCIA、USB 等。

（3）总线位数：32 位、64 位。

（4）传输速率：10Mbps、16Mbps、100Mbps、1Gbps 等。

（5）连接介质类型：双绞线（UTP、STP）、同轴电缆、光纤等。

（6）价格和功能：查看产品说明书。

4．网卡的地址

为标识不同的网卡，每块网卡在出厂时都被固化了一个全球唯一的 48 位二进制地址，该地址被称为物理地址或硬件地址、MAC（Media Access Control）地址。该地址通常以 6 组 12 位十六进制数的形式表示，前 3 组代表网卡的生产厂商，后 3 组是厂商给每个网络适配器接口的标识号。

厂商地址	网卡标识号
××-××-××	××-××-××

4.3.3 IP 地址基础知识

在 TCP/IP 四层体系结构对等层之间的相互通信中，必须通过地址来唯一标识与之通信的计算机，因此在对等层中，通信双方使用相同的地址体系结构。不同层的地址结构不同，如图 4-4 所示。

MAC 地址（网卡地址）：标识通信主机的物理地址，用来在网络接口层定向传输数据帧。

域名地址（DNS 地址）：标识通信主机的应用层地址，在浏览器中访问的即是域名地址。

端口地址：标识通信主机的某一通信进程的地址，用来在传输层定向传输数据包。

IP 地址：标识通信主机的逻辑地址，用来在网际层定向传输 IP 数据包。

其中，IP 地址位于网际层，是 IP 协议的主要内容。为了准确地传输数据，IP 协议在给对

图 4-4　网络地址层次结构

方的数据包中添加了源 IP 地址（发送方）和目的 IP 地址（接收方）。那么，IP 地址是什么形式的？如何表示？

1．IP 地址的定义及表示

目前 IP 协议有 IPv4 和 IPv6 两个版本，在 IPv4 版本中 IP 地址为 32 位，而在 IPv6 版本中 IP 地址扩展为 128 位。这里介绍 IPv4 中定义的 IP 地址格式。

为方便记忆，IP 地址中 32 位二进制位通常使用点分十进制数表示，如 128.110.1.2。每个十进制数对应 8 个二进制位，因此它的最大值为 255，最小值为 0，32 位 IP 地址最多能够标识 2^{32} 个主机。随着全世界访问互联网的用户越来越多，IP 地址已成为一项宝贵的网络资源。IP 地址的分配由国际组织 NIC（Network Information Center）负责统一分配。

每一个 IP 地址由两部分组成：网络地址和主机地址。

按照网络规模的大小，IP 地址被划分成 A、B、C、D、E 五类，其中常用的是 A 类、B 类和 C 类，D 类地址为组播地址，E 类地址为保留地址。图 4-5 为 IP 地址的分类。

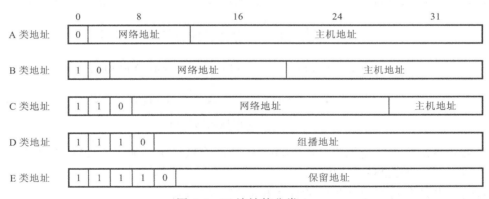

图 4-5　IP 地址的分类

A 类地址用于标识大型网络。网络地址 7 位，能够标识 126(2^7–2)个不同的网络（其中 0 和 127 保留使用），每个网络中可以包含 2^{24}–2=16 777 214 台主机。A 类 IP 地址范围为 1.0.0.0～126.255.255.254。

B 类地址用于标识中型网络。网络地址 14 位，允许 16 384 个不同的 B 类网络，每个网络包含 2^{16}–2=65 534 台主机。B 类 IP 地址范围为 128.0.0.0～191.255.255.254。

C 类地址用于标识小型网络。网络地址 21 位，允许 2 097 152 个不同的 C 类网络，每个网络包含 2^8–2=254 台主机。C 类 IP 地址范围为 192.0.0.0～223.255.255.254。

D 类 IP 地址为组播地址，不用于标识网络，它的范围为 224.0.0.0～239.255.255.255。
E 类 IP 地址为保留地址，范围为 240.0.0.0～247.255.255.255。

2．特殊 IP 地址

- 网络地址：主机地址全 0，表示网络本身。
- 广播地址：主机地址全 1，代表向该网络的所有主机发送广播报文。
- 全 "0" 地址：0.0.0.0，表示本网络所有主机。
- 回送地址：127.*.*.*，用于网络软件测试和本地主机进程间通信。向回送地址发送数据时，计算机都将数据返回，不进行网络传输。
- 私有地址：私有地址可以用于企业内部，相互之间可以访问，但是在访问公网地址时，必须进行转换。对于 A、B、C 类地址中，每类地址都有一段被定义为私有地址。
  A 类私有地址：10.0.0.1～10.255.255.255
  B 类私有地址：172.16.0.0～172.16.31.255
  C 类私有地址：192.168.0.0～192.168.255.255

3．子网掩码

子网掩码的主要作用是区分 IP 地址中的网络地址部分和主机地址部分。

子网掩码也是由 32 位二进制位组成的，表示成 4 个点分十进制数，特点是这 32 位二进制位由连续的 1 和连续的 0 组成。每个 IP 地址都有一个对应的子网掩码，将 32 位 IP 地址与 32 位子网掩码按位逻辑 "与" 运算后得出的地址为该 IP 地址的网络地址部分；将 IP 地址与子网掩码取反后逻辑 "与" 得出的是主机地址部分。即子网掩码中 "1" 所对应的 IP 地址部分为网络地址，"0" 所对应的 IP 地址部分为主机地址，如图 4-6 所示。

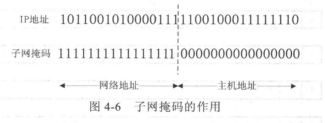

图 4-6　子网掩码的作用

A 类网络默认子网掩码为 255.0.0.0，B 类网络默认子网掩码为 255.255.0.0，C 类网络默认子网掩码为 255.255.255.0。

局域网内只有网络地址相同的计算机才能互相访问。

子网掩码的另一个作用是划分子网。

划分子网就是在 IP 地址中增加表示网络地址的位数，同时减少表示主机地址的位数。增加的网络地址位数表示子网地址，用子网掩码中延长 "1" 的位数来表示。例如，某单位有一个 C 类网络地址 198.200.10.0。该单位有 6 个部门，希望通过将该网络地址划分成 6 个组分配给不同部门，即希望在一个 C 类网络地址下划分出 6 个子网地址。解决方法是通过延长默认子网掩码中 "1" 的位数来实现子网的划分。延长多少位呢？因为 2^3 能表示 8 个数，分别代表不同的子网号（000、001、010、011、100、101、110、111），因此，最少延长 3 位 "1" 的个数方能表示 6 个子网。如此看来，通过划分子网，原来 IP 地址的两级

结构扩充为三级结构：网络地址、子网地址和主机地址。在这个案例中，子网掩码设置为
11111111.11111111.11111111.11100000（255.255.255.224）。6 个子网地址分别见表 4-4（假
设全 0 和全 1 子网号不用）。

表 4-4 C 类地址子网划分

子网号	子网地址（二进制）	子网地址（点分十进制）
1	11000110.11001000.00001010.00100000	198.200.10.32
2	11000110.11001000.00001010.01000000	198.200.10.64
3	11000110.11001000.00001010.01100000	198.200.10.96
4	11000110.11001000.00001010.10000000	198.200.10.128
5	11000110.11001000.00001010.10100000	198.200.10.160
6	11000110.11001000.00001010.11000000	198.200.10.192

思考：每个子网主机的 IP 地址范围是多少？

4.3.4 网络常用测试命令

1. ping 命令

利用 ping 命令，可以检查到达目的主机的网络是否连接。ping 命令发送 Internet 控制
报文协议（Internet Control Message Protocol，ICMP）的 Echo 报文。ICMP 协议能够报告
错误信息，并且能够提供有关 IP 数据包寻址的信息。如果某一站点收到 ICMP 协议的 Echo
报文，那么它会向源节点发送一个 ICMP Echo 应答消息。

ping 命令可以在 MS-DOS 方式下运行，也可以在桌面"开始"→"运行"中执行。ping
命令使用的格式为：

ping [-参数 1] [-参数 2] […] 目的地址

目的地址是指被测试的计算机 IP 地址或域名。ping 命令的参数列表在命令行下直接输
入"ping/？"可以查询到。

下面是 ping 命令的几个常见应用。

- ping 本机 IP 地址：若成功，表示本地网络适配器安装正确。如果出错，请检查本
  地网卡的线缆连接、IP 地址配置、网卡驱动程序是否安装正确。
- ping 127.0.0.1：测试与回送地址的连通性。若成功，表明 TCP/IP 协议软件安装正
  确。
- ping 局域网内其他主机 IP：该命令向目的主机发送 ICMP 测试数据包，如果收到正
  确应答包，表明本地网络设备工作正常。
- ping 网关 IP：若成功，表明网关工作正常，且本机与网关之间连通，此时本机应
  能够通过网关访问外网。本地主机需要和网关在同一个网络，即网络地址号需要
  相同。

2. ipconfig 命令

利用 ipconfig 命令，可以显示计算机中已经配置的网络适配器的 IP 地址、子网掩码、
默认网关、DNS 服务器地址及 MAC 地址。

最常用的 ipconfig 命令格式是 ipconfig/all，显示网络配置的详细信息，ipconfig/all 命

令执行结果如图 4-7 所示。

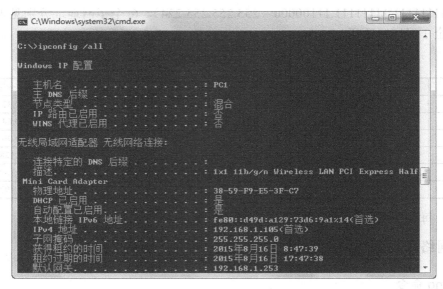

图 4-7　ipconfig/all 命令执行结果

4.3.5　逻辑网络设计

1．网络结构设计

采用对等通信模式，两台独立计算机通过 5 类非屏蔽双绞线互连，双机互连结构图如图 4-8 所示。

PC1:192.168.1.1
255.255.255.0

PC2:192.168.1.2
255.255.255.0

图 4-8　双机互连结构图

2．物理层技术选择

本项目选用有线传输介质 5 类或超 5 类非屏蔽双绞线 UTP，为使相同计算机设备能够互连，线端一头采用 T568A 标准，另一头采用 T568B 标准。

在确定传输介质后，即可以选择网卡。因为网卡必须与网络的物理介质、拓扑结构和数据链路层协议相匹配。本项目选择支持以太网的 10M/100M 自适应网卡。至于网卡采用的总线类型、缓存大小等其他指标可以根据已有的台式机和用户需求来确定。

4.3.6 项目实施

任务 1 非屏蔽双绞线（交叉线）的制作

实训目的

● 了解双绞线的特性与应用，掌握非屏蔽双绞线（交叉线）的制作方法。

实训环境

● 设备：双绞线、RJ-45 接线头。
● 工具：RJ-45 压线钳、网线测试仪。

操作步骤

第一步：工具准备。

实验前准备好制作和测试双绞线的工具：RJ-45 压线钳、网线测试仪。

第二步：剪断。

根据需要利用压线钳的剪线刀口剪取适当长度的网线。（剪取网线的长度应当比实际需要稍长一些。）

第三步：剥皮。

用压线钳的剪线刀口将线头剪齐，再将线头放入剥线刀口，让线头触及挡板，稍微握紧压线钳慢慢旋转，让刀口划开双绞线的保护胶皮，剥下胶皮。这个过程不能用火烧。旋转压线钳或旋转双绞线都能达到将外层胶皮划开的目的。

注：1. 握紧压线钳的压力：力度过小，划不破保护胶皮；力度过大，连同线芯的绝缘层也会被破坏，甚至会剪断线芯。

2. 可以将剥皮的长度留得长一些，即使 20mm 左右也无所谓，太短不便于细导线的捋直和排序，过长会造成不必要的浪费。使用压线钳剥皮时，可将双绞线斜插入剥线刀口，避开挡板，然后轻握钳柄，旋转网线即可。所有 8 条线都不能有导线铜芯暴露的情况出现，否则很可能出现导线短路现象。

第四步：排序。

里边共有四对相互缠绕在一起的细线，绿、白绿、橙、白橙、蓝、白蓝、棕、白棕。制作网线时必须将四个线对的 8 条细导线一一拆开、理顺、捋直，然后按照规定的线序排列整齐。在每对线拆开前和拆开后，都必须能准确地分辨出各线的颜色，因为接线时必须按照严格的顺序来接，不能错。

施工标准有两种：T568A 标准和 T568B 标准。

线端一头采用 T568A 标准：

1	2	3	4	5	6	7	8
白绿	绿	白橙	蓝	白蓝	橙	白棕	棕

另一头采用 T568B 标准：

1	2	3	4	5	6	7	8
白橙	橙	白绿	蓝	白蓝	绿	白棕	棕

双绞线的 8 条线对应着水晶头的 8 根针脚，方法如下：

将水晶头有塑料弹簧片的一面向下，有针脚的一面向上，有针脚的一端指向远离自己的方向，有方型孔的一端对着自己，此时，最左边的是第一脚，最右边的是第八脚。

注：无论采用 T568A 还是 T568B 的线序，都应当在所有的网络连接中采用一致的标准。

第五步：剪齐。

把线尽量伸直（不要缠绕）、压平（不要重叠）、压紧理顺（朝一个方向靠紧），然后用压线钳把线头剪平齐。这样，在双绞线插入水晶头后，每条线都能良好接触水晶头中的插针，避免接触不良。如果以前剥的皮过长，可以在这里将过长的细线剪短，保留的去掉外层绝缘皮的部分约在 14mm 左右，这个长度正好能将各细导线插入各自的线槽中。如果该段过长，一来由于线对不再互绞而增加串扰，二来由于水晶头不能压住护套可能导致电缆从水晶头中脱出。

第六步：插入。

一只手以拇指和中指捏住水晶头，使有塑料弹片的一侧向下，针脚一端朝向远离自己的方向，并用食指抵住。另一只手捏住双绞线外面的胶皮，缓缓用力将 8 条导线同时沿 RJ-45 头内的 8 个线槽插入，一直插到线槽的顶端。

第七步：压制。

确认所有导线都到位，并透过水晶头检查一遍线序无误后，就可以用压线钳压制 RJ-45 头了。将 RJ-45 头推入压线钳夹槽后，用力握紧压线钳，将突出在外面的针脚全部压入水晶头内。

第八步：完成。

按照相同的方法，将双绞线的另一个水晶头压制好，一条交叉网线的制作即可完成。

第九步：测试。

将做好的交叉线插入测试仪的两个 RJ-45 接口，打开电源，观察测试仪主从设备指示灯闪亮的顺序，通常 1、3 灯和 2、6 灯同时亮，其他灯序相同为合格交叉线。

任务 2　双机有线互连

实训目的

● 熟练安装网卡及其驱动程序。

● 熟练安装网络协议并配置。

● 熟练建立网络连接。

● 能使用网络测试工具测试网络连通性，查看计算机网络配置。

● 能查找并排除简单网络连接故障。

实训环境

● 硬件：两台安装了网卡的计算机，制作好的交叉双绞线。

● 软件：Windows 7 及以上操作系统。

操作步骤

第一步：安装网卡及驱动程序。

将网卡插入台式计算机主板插槽内（如果是外置网卡，则无须打开机箱），然后安装网卡驱动程序。此时若网卡工作正常，则在设备管理器中网络适配器的显示图标显示正常；若网卡工作不正常，则网络适配器图标中将显示黄色感叹号"！"或红色叉号"×"。当网卡工作不正常时，可以检测一下网卡是否与主板有效连接，或者重新安装网络适配器驱动程序。设备管理器如图 4-9 所示。

注：红色叉号"×"通常反映网卡的物理连接有问题，比如网线没有插好；黄色感叹号"！"通常反映网卡的逻辑配置有问题，比如驱动程序安装不正确或网卡 IP 地址设置不正确。

注：若网卡已集成在主板上，此步骤可以省略。

第二步：物理连接两台计算机。

将制作好的交叉线两端分别插入两台计算机的网卡接口上，网卡的 Link/Act 指示灯亮起，表示网络物理连接成功。

第三步：安装网络协议及服务。

在一台主机中打开"网络连接"窗口（可以通过"网络和共享中心"访问）。

选择"网络"标签，单击"安装"按钮出现"选择网络功能类型"对话框，如图 4-10所示。

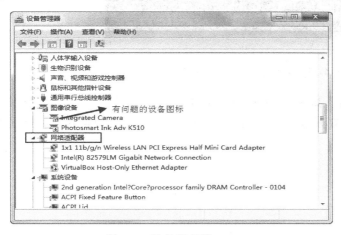

图 4-9　设备管理器　　　　　　　　图 4-10　选择网络功能类型

客户端：可以向计算机提供对连接到网络上的文件的访问。

服务：可以向网络中的其他用户提供相应的服务，如文件和打印机共享。

协议：提供计算机之间相互通信的程序。

在 Windows 操作系统中要完成基本的网络通信需要安装的有：Microsoft 网络客户端、Microsoft 网络的文件和打印机共享、Internet 协议版本 4（TCP/IPv4）。

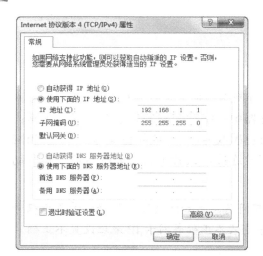

图 4-11　IP 地址及子网掩码设置

第四步：设置主机 IP 地址。

选择 Internet 协议版本 4（TCP/IPv4）的"属性"选项，在该对话框中设置该网卡的 IP 地址为 192.168.1.1，子网掩码设置为 255.255.255.0，如图 4-11 所示。

为另一台主机设置的 IP 地址为 192.168.1.2，子网掩码仍然为 255.255.255.0。

第五步：测试网络连通性。

在 Windows 桌面单击"开始"→"附件"→"命令提示符"菜单命令；或者在桌面键入"（WIN+R）"快捷键，弹出"运行"对话框，输入 CMD 执行程序，进入命令提示符窗口。使用命令 ping 测试与对方主机的连通性（例如，在主机 192.168.1.2 上 ping 192.168.1.1），如图 4-12 所示。

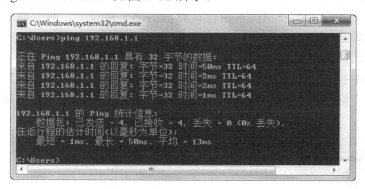

图 4-12　双机 ping 测试连通性

应答由 192.168.1.2 主机发送，数据包为 32 字节，共发送了 4 个数据包，应答时间分别为 50ms、2ms 和 1ms，设置的数据包生存时间值为 64，接收了 4 个数据包，数据丢失率为 0%，说明两台计算机连接成功。

任务 3　共享设置

实训目的

● 熟练设置计算机名和工作组。
● 熟练设置家庭组及共享属性。

实训环境

● 硬件：已测试好连通性的互连计算机对等网。
● 软件：Windows 7 及以上操作系统。

操作步骤

第一步：设置计算机名和工作组。

在每台计算机上，打开"系统属性"窗口，选择"计算机名"选项卡，对计算机名和工作组进行设置。工作组均设置为 WORKGROUP，如图 4-13 所示。

第二步：创建并设置家庭组。

（1）在一台主机选择控制面板"家庭组"，单击"创建家庭组"按钮，如图 4-14 所示。

图 4-13 设置计算机名及工作组

图 4-14 创建家庭组

（2）设置与其他家庭计算机共享的内容，如图 4-15 所示。

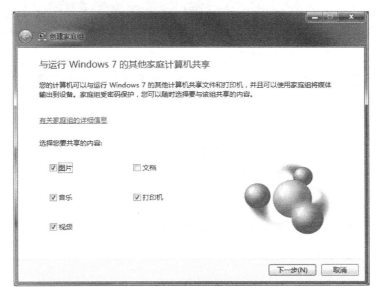

图 4-15 设置共享内容

（3）创建加入家庭组的密码，此密码是系统随机生成的 10 位密码，用户也可以更改密码，如图 4-16 所示。

（4）创建好家庭组的计算机属于某个家庭组，如图 4-17 所示。

图 4-16　创建家庭组密码

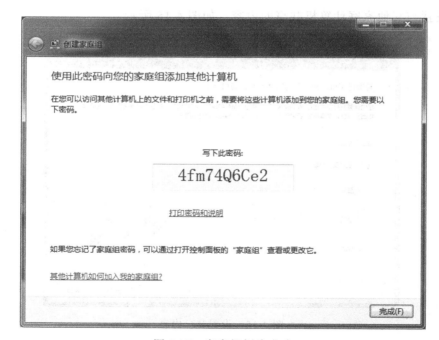

图 4-17　家庭组创建成功

（5）另一台计算机在控制面板中进入"家庭组"，选择"加入家庭组"。

（6）检查家庭组添加后的网络状态，在资源管理器中单击"网络"，在右窗口出现连接在一个网络的家庭组成员 PC1 和 PC2，如图 4-18 所示。

图 4-18　资源管理器中的网络状态

第三步：设置网络共享权限。

单击"控制面板"→"家庭组"→"更改高级共享设置"选项，分别启用网络发现、文件和打印机共享、公用文件夹共享等选项，如图 4-19 所示。

图 4-19　设置网络共享权限

第四步：共享文件及文件夹。

选择需要共享的文件夹，例如文件夹 software，右击弹出快捷菜单，选择"属性"选项，在文件夹属性对话框中，选择"共享"标签，设置该文件夹的共享名及共享权限，如图 4-20 所示。

共享完毕后，该文件夹就出现在网络资源中可以供其他网上计算机访问了，如图 4-21 所示。

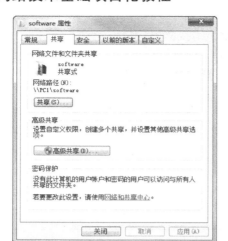

图 4-20　设置共享的文件、文件夹及共享权限

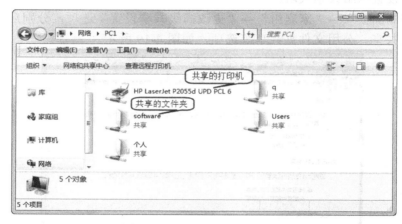

图 4-21　共享后的文件夹状态

4.4　关联拓展

1．对等网

对等网也称为 P2P（Peer-to-Peer）网。在对等网中所有参与网络系统的节点主机处于完全对等的地位，即每一个节点在向其他节点提供服务的同时，也接受来自其他节点的服务。在 P2P 网络中，由于网络资源分布在各节点中，因此能够减轻网络拥塞和带宽的瓶颈问题。

2．基于服务器的网络

在基于服务器的网络中，服务器是专门提供某种服务的计算机，用户通过工作站访问服务器来获得服务。这种模式使网络资源向服务器集中，用户高度依赖服务器，容易造成拥塞。

早期基于服务器的网络主要是提供文件存储服务的文件服务器，为防止访问拥塞并提高服务性能，文件服务器的硬件配置远高于工作站的配置。随着硬件技术的高速发展，计算机硬件性能不再是制约网络发展的主要问题，网络应用软件的通信模式逐渐成为主要研究方向。

3．通信模式

目前应用软件的通信模式有四种：对等通信模式、客户机-服务器（Client/Server，C/S）模式、浏览器-服务器（Browse/Server，B/S）模式和分布式计算机通信模式。

对等通信模式：指地位相同的计算机节点之间的通信。在这种模式中，参与的网络节点既是服务的提供者，又是服务的使用者。例如，QQ、BT、视频会议等网络软件。

客户机-服务器模式：指在网络中存在一个服务器和多个客户机，由服务器负责进行应用处理、客户机进行用户交互的通信模式。在该模式下，一台计算机既可以是服务器，也可以是客户机。例如，HTTP、DNS、FTP、SMTP 等协议。这是目前应用最广泛的一种通信方式。

浏览器-服务器模式：通信主体包括客户端、应用服务器和数据库服务器，指客户端通过浏览器与用户交互并向应用服务器发出请求的通信模式。应用服务器以 C/S 模式接受客户端请求并进行行业务逻辑处理，同时应用服务器又以 C/S 模式请求数据库服务器的响应，最后应用服务器将数据库的应答响应返回给客户端。因此该模式也称为三层 C/S 模式，例如，网络用户注册、登录等应用软件。

分布式计算机通信模式：指多个计算机节点协同工作完成一项共同任务的应用。

4.5 巩 固 提 高

1．术语搭配（连线）

TIA	客户机-服务器模式
EIA	屏蔽双绞线
UTP	物理地址
STP	美国电子工业协会
MAC 地址	非屏蔽双绞线
C/S	美国通信工业协会
B/S	浏览器-服务器模式

2．简答题

（1）有线传输介质有哪些？各有哪些特点？

（2）IP 地址 134.10.120.68 属于哪类网络？网络地址和主机地址分别是什么？默认子网掩码是多少？它与 134.9.12.150 能够互相 ping 通吗？为什么？

（3）双绞线的线序标准有哪些？连接计算机和交换机之间的网线使用什么标准？连接计算机和计算机之间的网线使用什么标准？

项目 **5** 组建中小型局域网

在完成本项目后，你将能够：
- 利用交换机组建局域网。
- 合理规划 IP 地址。
- 实现单交换机和跨交换机虚拟局域网划分。
- 配置三层交换机实现虚拟局域网之间的路由。

5.1 情 境 描 述

某综合大学下设 4 个学院：信息工程学院、土木工程学院、财经商贸学院和美术学院，不同学院地理位置不同，且都有财务处、学生处、教务处等处室。为提高网络性能和安全性，整个大学校园网要求按处室功能将计算机隔离成不同的广播域，不同学院的相同处室数据互通。同时，整个校园局域网能互相访问。该校园网园区内部网段为 172.16.0.0，子网掩码为 255.255.255.0。

5.2 需 求 分 析

由情境描述分析，大学内部局域网需要解决如下问题：
（1）有效设计网络拓扑结构，对各部门设备进行合理布局和连接。
（2）合理规划 IP 地址，设计子网。
（3）通过配置，划分虚拟局域网，有效隔离广播风暴，虚拟局域网之间可以互相访问。

5.3 探 究 学 习

5.3.1 局域网

1. 局域网概述

局域网（Local Area Network，LAN）是一种连接范围小（几百米～几千米），由终端、设备和通信线路按照某种网络结构互相连接在一起，通过软件实现资源共享、数据传递和相互通信的信息系统。

局域网技术主要有三要素：拓扑结构、传输介质和介质访问控制方法。

按网络拓扑结构划分，局域网可以分为星状网、总线网、环状网、树状网等多种组合变形结构网。

按传输介质类型划分，连接局域网的传输介质包括同轴电缆、双绞线、光纤和无线电。

按介质访问控制方法划分，实现局域网数据链路层的介质访问控制协议主要包括带有冲突检测的载波监听多路访问（CSMA/CD）、令牌环（Token Ring）访问控制、FDDI 光纤局域网访问控制方法等。

2. 局域网体系结构

1980 年，局域网标准委员会——电气和电子工程师协会（Institute of Electrical and Electronic Engineers，IEEE）成立并开发制定了一系列局域网标准，称为 IEEE802，如图 5-1 所示。在 OSI 参考模型中，局域网功能位于最低两层：物理层和数据链路层，如图 5-2 所示。

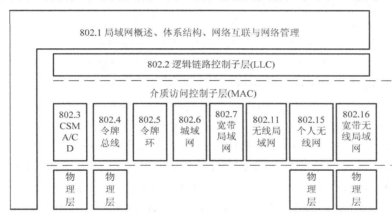

图 5-1 IEEE802 体系结构

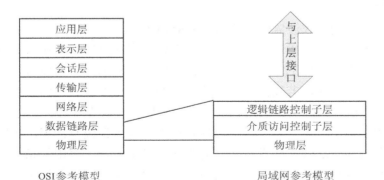

图 5-2 OSI 与 IEEE 参考模型对照

局域网体系结构主要包含物理层和数据链路层。数据链路层又分为介质访问控制（Media Access Control，MAC）子层和逻辑链路控制（Logic Link Control，LLC）子层两个功能子层。

介质访问控制子层的主要功能是控制对传输介质的访问。IEEE802 体系中定义了多种介质访问控制方法。

逻辑链路控制子层的主要功能是面向高层提供一个或多个逻辑接口，具有帧的发送和接收功能。发送时把要发送的数据部分加上帧控制字段（帧头）和循环冗余校验码（帧尾），这个过程称为封装；接收时将帧头和帧尾去掉获取数据部分，然后进行地址识别和 CRC 校验功能，这个过程称为拆封。除此之外，LLC 层还具有差错控制和流量控制等功能。帧中封装的地址称为物理地址，也叫 MAC 地址、网卡地址，它由一个 48 位的二进制数表示，前 24 位代表生产网卡的厂商标识，后 24 位代表网卡序列号，由厂商自己决定。每个 MAC 地址在全世界是唯一的。

在 IEEE802 体系结构中，主要包含三个部分。

（1）IEEE802.1：该标准定义了局域网的体系结构、网络互联、网络管理与性能测试。

（2）IEEE802.2：该标准定义了 LLC 子层的服务与功能。

（3）IEEE802.3～IEEE802.16：分别定义了不同介质访问控制子层与物理层的标准，其中比较常用的有以下几种。

IEEE802.3：定义了 CSMA/CD 总线的介质访问控制子层与物理层的标准。

IEEE802.4：定义了令牌总线访问控制子层与物理层的标准。

IEEE802.5：定义了令牌环访问控制子层与物理层的标准。

IEEE802.6：定义了城域网访问控制方法与物理层的标准。

IEEE802.7：定义了宽带局域网访问控制方法与物理层标准。

IEEE802.8：定义了 FDDI 光纤局域网访问控制方法与物理层标准。

IEEE802.9：定义了综合数据/语音的局域网网络标准。

IEEE802.10：定义了网络安全规范与数据保密的标准。

IEEE802.11：定义了无线局域网的访问控制子层与物理层标准。

IEEE802.15：定义了近距离个人无线网（蓝牙）的控制子层与物理层标准。

IEEE802.16：定义了宽带无线局域网（WiMAX）的控制子层与物理层标准。

目前应用最广泛的有 IEEE802.3、IEEE802.11、IEEE802.15 和 IEEE802.16。

3．以太网技术

（1）带有冲突检测的载波监听多路访问 CSMA/CD。

CSMA/CD 是以太网介质访问控制方法，主要应用在总线和星状以太网中。该协议包含两部分功能。一是"先听后说"，协议控制需要发送信息的主机在发送数据之前先监听传输线路上是否有信号存在，若线路空闲，协议控制该主机发送自己的数据；若监听到线路上已经有信号，采用一种退避算法，等待一段时间后继续监听发送。二是"边听边说"，发送前监听到信道空闲后，再开始发送自己的数据就可以保证没有冲突产生吗？回答是否定的。当两台以上需要发送数据的设备同时监听线路且都得到"空闲"指令后，它们会同时向同一条线路发送数据，使"听着没冲突但发着却会产生冲突"的情况产生，所以"带有冲突检测"的含义是边发送数据边检测是否有冲突，若遇到冲突，仍然执行退避算法，等待一段时间后继续监听访问线路。

（2）以太网的发展。

以太网（Ethernet）在发展过程中经历了传统以太网、快速以太网、千兆以太网、万兆以太网阶段，表 5-1 为以太网的分类及性能表。

表 5-1 以太网的分类及性能表

名称	标准	拓扑结构	传输介质	传输速率	介质访问控制方法
传统以太网	10BASE-5 10BASE-2 10BASE-T 10BASE-F	总线、星状	同轴电缆 双绞线 光纤	10Mbps	CSMA/CD
快速以太网	100BASE-FX 100BASE-TX 100BASE-T4 100BASE-T2	星状	双绞线 光纤	100Mbps	CSMA/CD
千兆以太网	1 000BASE-SX 1 000BASE-LX 1 000BASE-CX 1000BASE-T	星状	双绞线 光纤	1 000Mbps	CSMA/CD
万兆以太网	10GBASE-X 10GBASE-R 10GBASE-W 10GBASE-T	星状、网状（可用于局域网，也可用于城域网）	双绞线 光纤	10Gbps	点到点传输，不存在争用共享介质

4. 虚拟局域网（Virtual Local Area Network，VLAN）

虚拟局域网是在交换机局域网的基础上，结合网络软件建立的一个可跨接不同物理局域网、不同类型网段的各站点的逻辑局域网，也称为虚拟工作组。

虚拟局域网可以有效隔离广播风暴，提高网络性能和安全性。通过软件可以实现同一个虚拟局域网下的所有站点位于不同物理网段上；同一物理网段上的不同站点可以分属于不同的虚拟局域网，如图 5-3 所示。

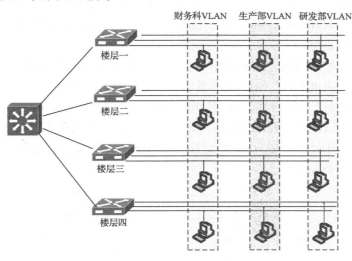

图 5-3 位于不同交换机上的同一 VLAN

虚拟局域网的组网方法主要有四种：

（1）基于端口划分 VLAN。

指定交换机上的端口组成一个 VLAN。可以跨交换机指定端口组成同一个 VLAN。这种方式 VLAN 划分简单，缺点是 VLAN 与计算机无关。当工作站地点移动或变更时，可能需要重新配置。

（2）基于 MAC 地址划分 VLAN。

指定一组 MAC 地址组成一个 VLAN，用户属于哪个 VLAN 由网卡地址决定。这种方式的优点是用户/主机可以移动，缺点是当网卡更换时需要重新配置，同时由于 MAC 地址是 48 位数，所以给网管维护人员的操作带来不便。

（3）基于网络层地址划分 VLAN。

指定一组网络地址（例如 IP 地址）组成一个 VLAN。这种方法的优点是用户/主机可以移动，但网络地址是逻辑地址，可以随意更改或冒用，安全性较低。

（4）基于协议划分 VLAN。

指定使用某种协议的节点组成一个 VLAN。由于目前基本都使用 TCP/IP 协议，所以这种方式使用得不多。

5.3.2 交换基础

1. 交换机的工作原理

交换机是用来连接局域网的主要设备。它能根据以太网帧中目标地址智能转发数据到指定端口，因此交换机工作在数据链路层。在交换机中，存在一张寻址表——MAC 地址表，表结构主要包括两个字段：端口号和 MAC 地址，该表存储了交换机知道的端口号和计算机 MAC 地址的对应关系。交换机刚启动时，MAC 地址表是空的，在数据交换过程中交换机逐渐记忆并存储越来越多的端口号和 MAC 地址的关联项，有效提高了寻址速度。交换机具有以下四个主要操作。

学习：通过学习数据帧的源 MAC 地址形成 MAC 地址表。

广播：若目标地址在 MAC 地址表中没有，交换机向除接收到该数据帧的端口外的其他所有端口广播该数据帧。

转发：若目标地址在 MAC 地址表中存在，交换机根据 MAC 地址表单播转发数据帧。

更新：（1）若交换机 MAC 地址表的老化时间是 300 秒，即 MAC 地址在 MAC 地址表中存在的时间为 300 秒，超过时间不被使用则该地址项将被删除。（2）交换机若发现一个进入端口的帧中源 MAC 地址和 MAC 地址表中源 MAC 地址的所在端口不同，那么交换机将 MAC 地址重新学习到新的端口，表明交换机中 MAC 地址表是通过自学习形成的。图 5-4 为交换型局域网络拓扑图。

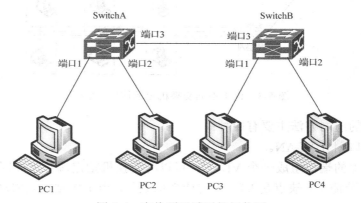

图 5-4　交换型局域网络拓扑图

通过交换机的自学习过程，交换机 SwitchA 和 SwitchB 最终形成的 MAC 地址表如图 5-5 所示。

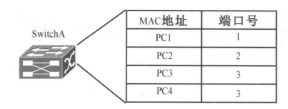

MAC地址	端口号
PC1	1
PC2	2
PC3	3
PC4	3

MAC地址	端口号
PC1	3
PC2	3
PC3	1
PC4	2

图 5-5　MAC 地址表

因为交换机具有智能寻址功能，因此它能隔离冲突域，并且任何两个端口之间都能实现全双工通信。

2．交换机系统文件

交换机系统文件包括以下三类。

引导文件：引导文件包括 boot.rom 和 config.rom 两个文件，通常说成 ROM 文件。引导文件用来引导交换机进行初始化操作。

系统映像文件：系统映像文件名缺省为*.img（如 nos.img），它是指交换机硬件驱动和软件支持程序等的压缩文件。

厂商配置文件：厂商用于操作设备的配置文件。

所谓交换机软件版本升级，就是更新或覆盖这三类文件。

3．交换机的交换方式

交换机主要有以下三种交换方式。

直通转发：即交换机只根据帧中的目的 MAC 地址转发数据，并不进行错误检查。这种方式传输效率高，但不保证正确性。

存储转发：交换机存储所有接收帧，并根据帧中的 CRC 码进行校验，正确帧才转发。这种方式延迟高，但可靠性高。

碎片隔离：交换机只检查前 64 字节的数据正确性，所以没有增加显著的延迟，且能保证部分可靠性。

5.3.3　交换机的基本配置

交换机的基本配置以神州数码交换机为例进行说明。

1．交换机的配置模式

（1）认识交换机的模块和端口（见图 5-6）。

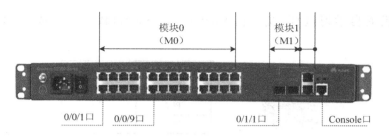

图 5-6　交换机的模块和端口

0/0/1 中的第 1 个 0 表示堆叠中的第一台交换机，如果是 1，就表示第 2 台交换机；第 2 个 0 表示交换机上的第 1 个模块（如神州数码 DCS-3926s 交换机有 3 个模块：网络端口模块（M0），模块 1（M1），模块 2（M2））；最后的 1 表示当前模块上的第 1 个网络端口。

0/0/1 表示用户使用的是堆叠中第 1 台交换机网络端口模块上的第 1 个网络端口。

默认情况下，如果不存在堆叠，交换机总会认为自己是第 0 台交换机。

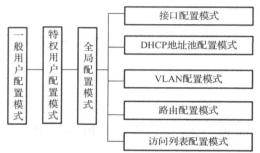

图 5-7　交换机配置模式

（2）交换机配置模式。

交换机有三种配置界面：命令行界面（Command Line Interface，CLI）、Web 界面和网管软件。其中用得较多的是 CLI。

交换机的配置模式有多种，如图 5-7 所示。

其中，与接口配置模式并列的模式有多种，并且厂商、交换机型号不同这一层级所包含的模式就不同。

● 一般用户配置模式：用户进入 CLI，首先进入的是一般用户配置模式，提示符为"Switch>"，符号">"为一般用户配置模式的提示符。当用户从特权用户配置模式使用命令 exit 退出时，可以回到一般用户配置模式。

用户在一般用户配置模式下不能对交换机进行任何配置，只能查询交换机的时钟和版本等信息。

● 特权用户配置模式：在一般用户配置模式下使用 enable 命令，如果已经配置了进入特权用户的口令，则输入相应的特权用户口令，即可进入特权用户配置模式"Switch#"。当用户从全局配置模式使用 exit 退出时，也可以回到特权用户配置模式。另外，部分品牌设备提供"Ctrl+Z"的快捷键，使得交换机在任何配置模式下（一般用户配置模式除外），都可以退回到特权用户配置模式。

在特权用户配置模式下，用户可以查询交换机配置信息、各个端口的连接情况、收发数据统计等。而且进入特权用户配置模式后，可以进入全局配置模式并对交换机的各项配置进行修改，因此进入特权用户配置模式必须要设置特权用户口令，防止非特权用户的非法使用，对交换机配置进行恶意修改，造成不必要的损失。

● 全局配置模式：进入特权用户配置模式后，只需要使用命令 Config，即可进入全局配置模式"Switch(Config)#"。当用户在其他配置模式，如接口配置模式、VLAN 配置模式时，可以使用命令 exit 退回到全局配置模式。

在全局配置模式中用户可以对交换机进行全局性的配置，如对 MAC 地址表、端口镜像、创建 VLAN 等。用户在全局配置模式下可通过命令进入端口并对各个端口进行配置。

● 接口配置模式：在全局配置模式下使用命令 interface 可以进入相应的接口配置模式。常用的接口配置模式有 VLAN 接口、以太网端口和 port-channel 三种类型，这三种接口配置模式及其操作见表 5-2。

● VLAN 配置模式：在全局配置模式下使用命令 vlan <vlan-id>可以进入相应的 VLAN 配置模式，在 VLAN 配置模式下用户可以配置属于本 VLAN 的成员端口，执行 exit 命令即可从 VLAN 配置模式退回到全局配置模式。

表 5-2   接口配置模式及其操作

接口类型	进入方式	提示符	可执行操作	退出方式
VLAN 接口	在全局配置模式下输入命令 interface vlan <vlan-id>	Switch(Config-If-Vlanx)#	配置交换机的 IP 地址	使用 exit 命令即可退回全局配置模式
以太网端口	在全局配置模式下输入命令 interface ethernet <interface-list>	Switch(Config-ethernetxx)#	配置交换机提供的以太网接口的双工模式、速率等	
port-channel	在全局配置模式下输入命令 interface port-channel <port-channel-number>	Switch(Config-if-port-channelx)#	配置 port-channel 有关的双工模式、速率等	

2．交换机带外及带内管理

网络设备的管理方式可以简单地分为带外管理（out-of-band）和带内管理（in-band）两种管理模式。所谓带内管理，是指网络的管理控制信息与用户网络的承载业务信息通过同一个逻辑信道传输，简而言之，就是占用业务带宽；而在带外管理模式中，网络的管理控制信息与用户网络的承载业务信息在不同的逻辑信道传输，也就是设备提供专门用于管理的带宽。

（1）带外管理。

通过 Console 口管理是最常用的带外管理方式，通常用户会在首次配置交换机或无法进行带内管理时使用带外管理方式。

带外管理方式也是使用频率最高的管理方式。带外管理时，可以采用 Windows 操作系统自带的超级终端程序（如图 5-8、图 5-9 所示）连接交换机，当然，用户也可以采用自己熟悉的终端程序。

图 5-8   在超级终端中设置串口属性

图 5-9   超级终端用户界面

Windows 操作系统自带的超级终端应用程序所在路径是"开始"→"程序"→"附件"→"通讯"→"超级终端"(Window 7 及以上版本中不自带超级终端应用程序,用户可以从 Windows XP 中复制,也可以使用其他终端拨号程序)。

交换机带外、带内管理终端连线图如图 5-10 所示。

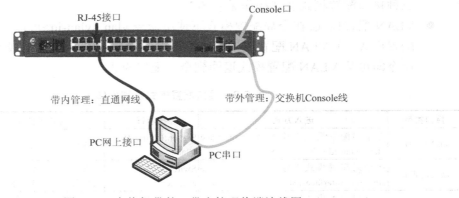

图 5-10　交换机带外、带内管理终端连线图

Console 口:也叫配置口,用于接入交换机内部对交换机进行配置。

Console 线:交换机包装箱中标配线缆,用于连接 Console 口和配置终端。

带外管理的具体配置步骤如下。

第一步:用 Console 线连接 PC 的串口和交换机的 Console 口(管理端口)。

第二步:在 Windows 下通过超级终端配置交换机。先选择连接名称和连接时使用的端口(如 COM1 等,根据实际连接的计算机端口确定);在超级终端中设置串口属性,如图 5-8 所示。

第三步:进入交换机命令行状态"Switch>",如图 5-9 所示,开始具体配置交换机。

(2)带内管理。

Telnet 方式和 Web 方式都属于带内管理。带内管理使用 PC 和交换机的以太网端口相连,PCIP 地址和交换机位于同一个网段,使用户在 PC 上可以通过 Telnet 命令或 Web 方式登录到交换机上。

说明:交换机的 IP 地址首先是通过带外管理登录后配置的。

使用 Telnet 进行带外管理交换机的过程是:通过带内管理进入交换机。

进入交换机全局模式,给交换机的默认 VLAN 设置 IP 地址,即管理 IP。默认情况下,交换机所有端口都属于 VLAN1,因此通常把 VLAN1 作为交换机的管理 VLAN,因此 VLAN1 接口的 IP 地址就是交换机的管理地址。

若交换机的管理 IP 为 192.168.1.1/24,则 PC 的 IP 地址为 192.168.1.2/24。

```
Switch(Config)#interface vlan 1                                    //进入 vlan 1 接口
02:20:17: %LINK-5-CHANGED:Interface Vlan1,changed state to UP
Switch (Config-If-Vlan1)#ip address 192.168.1.1 255.255.255.0    //配置 ip 地址
Switch (Config-If-Vlan1)#no shutdown                              // 激活 Vlan1 接口
Switch (Config-If-Vlan1)#exit
Switch (Config)#exit
```

为交换机设置授权 Telnet 用户。

```
Switch #config
Switch (Config)#telnet-user test password 0 sw12              //设置用户名和密码
Switch (Config)#exit
```

配置主机的 IP 地址与交换机的 IP 地址在一个网段。

验证主机与交换机是否连通。可以在交换机特权用户模式下 ping 主机，也可以在主机 DOS 命令行中 ping 交换机。

在 PC 端，单击"开始"→"运行"菜单命令，运行 Windows 自带的 Telnet 客户端程序，并且指定 Telnet 的目的地址，如图 5-11 所示。然后需要输入正确的用户名 test，密码 sw12。登录成功后，对交换机进行带内管理。

图 5-11　PC 端 Telnet 应用程序

带内管理和带外管理的主要区别如下。

① 带外管理使用的是交换机自带的 Console 线，接头一端连接交换机的 Console 口，另一端连接 PC 的串口。带内管理使用的是网线，一端连接交换机的以太网口，另一端连接 PC 的网卡。

② 带外管理使用超级终端进行配置，带内管理使用 Telnet 或 Web 进行配置。

③ 交换机的首次配置一般通过带外管理方式，经过带外管理配置交换机管理 IP 地址后方可进行带内管理。

④ 为保护交换机免受非授权用户的非法操作，登录到 Telnet 的配置界面时，需要输入正确的登录名和口令，否则交换机将拒绝该 Telnet 用户的访问。

命令：telnet-user <user>password {0|7} <password>

说明："0"代表密码为明文，"7"代表密码为密文。

3. 划分 VLAN

（1）单台交换机划分 VLAN（根据端口号划分）。

第一步：在全局配置模式下创建 VLAN。

命令：vlan <vlan-id>

说明：vlan-id 是建立 VLAN 的标识符，id 的取值范围是 1～4 094。若要删除 VLAN，命令为 no vlan <vlan-id>。

第二步：进入 VLAN 接口配置模式。

命令：interface vlan <vlan-id>

说明：在全局配置模式下进入 vlan-id 的接口模式，进入后交换机显示如下。

```
Switch（config-if-vlanID）#
```

删除已存在的 VLAN 接口使用命令 nointerface vlan <vlan-id>。

第三步：配置 VLAN 接口的 IP 地址。

命令：ip address <ip-address><mask>

说明：<ip-address>为 IP 地址，点分十进制格式；<mask>为子网掩码，点分十进制格式。在 VLAN 接口配置模式下配置，删除 VLAN 的 IP 地址配置命令如下。

  no ip address <ip-address><mask>

第四步：打开 VLAN 接口。

命令：no shutdown

说明：在 VLAN 接口配置模式下使用。关闭 VLAN 接口模式的命令为 shutdown。

VLAN 配置后，不同 VLAN 下的 PC 之间不能通信；相同 VLAN 下 PC 之间可以互相访问。每个 VLAN 是一个广播域，VLAN 内部的广播信息与其他 VLAN 相互隔绝。所以 VLAN 能改善网络性能、节约网络资源、简化网络管理、降低网络成本、提高网络安全。

（2）跨交换机 VLAN 内通信。

如图 5-12 所示，若 VLAN 跨交换机划分，位于不同交换机上的不同端口属于同一个 VLAN，通过网线连接起来的同 VLAN 的端口是否可以互通？实验证明，SwitchA 的端口 f0/0/1 与 SwitchB 的端口 f0/0/1 虽然同属于 VLAN 100 但互相不能连通。因为它们之间的数据是通过端口 f0/0/24 传输的，而 f0/0/24 与 f0/0/1 不属于同一个 VLAN，所以互相 ping 不同。

交换机的端口有两种模式：access 模式和 trunk 模式。设置为 access 模式的端口称为 access 端口，它是普通端口，默认情况下所有端口都是 access 端口，同一时刻 access 端口只能属于一个 VLAN；trunk 端口可以通过多个 VLAN 的流量，通过 trunk 端口之间的互连，可以实现不同交换机之间相同 VLAN 的互通。设置交换机端口模式的命令为 switchport mode <trunk | access>。

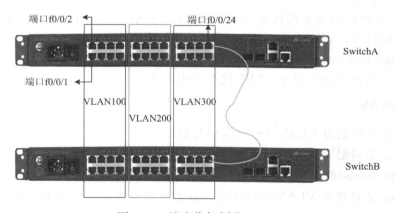

图 5-12　跨交换机划分 VLAN

配置跨交换机 VLAN 内通信的过程如下。

第一步：在交换机中创建多个 VLAN。

第二步：在不同 VLAN 接口下添加端口号（未被添加的端口仍然属于默认 VLAN 1）。

命令：switchport interface <interface-list>

说明：在 VLAN 配置模式下，该命令给 VLAN 分配以太网端口。参数 interface-list 是要添加的端口列表，支持 "；""–"，例如，ethernet 0/0/1；2；5 或 ethernet 0/0/1–6；8。

第三步：在端口模式下，分别设置互连的两台交换机端口模式为 trunk。

第四步：分别设置互连的两台交换机端口允许信息通过的 VLAN 列表。

命令：switchport trunk allowed vlan {<vlan-list>|all}

说明：在端口模式下设置 trunk 端口允许通过的 VLAN。参数 vlan-list 为 VLAN 列表；参数 all 关键字表示允许该 trunk 端口通过所有 VLAN 的流量。

配置完毕后，跨交换机上相同 VLAN 内的端口就可以相互通信了，但 VLAN 间的端口不能互通。VLAN 间端口相互通信需要设置交换机各 VLAN 子网一个 IP 地址，且需要通过一个三层交换机进行路由（具体过程参看任务 2）。

5.3.4 逻辑网络设计

由于园区范围大，功能复杂，众多计算机节点构建一个简单的局域网时会产生各种传输性能、安全性能问题，所以整个校园网采用核心交换结构，汇聚层由一台三层交换设备构建园区网核心，每栋楼由一台接入层交换机（二层交换）接入计算机节点。所有接入层交换机通过光纤接入汇聚层交换机。园区局域网网络结构图如图 5-13 所示。

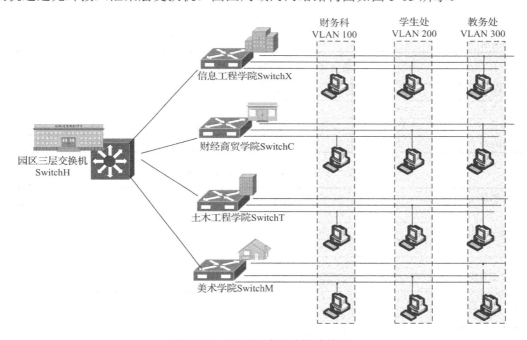

图 5-13　园区局域网网络结构图

1. 校园园区网络主要功能

（1）汇聚层采用三层交换设备，提供 trunk 端口实现接入层跨交换机相同 VLAN 内的通信。

（2）汇聚层交换机可以划分多个 VLAN，实现各 VLAN 间互相访问。三层交换机进行高速数据转发，提供路由功能。

（3）为提高部门局域网内的访问效率，各部门在二层交换设备上（接入层）划分 VLAN，隔离广播域，实现数据链路层通信。

（4）如需安装各类服务器，直接与核心交换机相连。

2．IP 地址规划及 VLAN 划分方案

园区所在网段为 172.16.0.0，子网掩码 255.255.255.0，按部门分配 IP 地址范围。园区及院校交换机配置见表 5-3。

相同的部门用户使用的应用基本一致，因此针对用户计算机的部门分布情况，划分出 VLAN 100、VLAN 200 和 VLAN300 三个虚拟网络，便于日后针对不同部门的 VLAN 制定不同的访问控制策略，提高整个网络的安全性。院校交换机的 VLAN 配置见表 5-4。

VLAN 的跨设备互通采用基于端口方式，指定固定端口所属 VLAN 号。VLAN 互通端口设置 trunk 属性，设置允许所有 VLAN 流量通过，以保证相同 VLAN 内跨设备互通。

VLAN 间路由需要通过在汇聚层的三层交换机中设置 VLAN 接口，定义接口 IP 地址，并开启路由功能。园区交换机 VLAN 接口配置见表 5-5。

表 5-3　园区及院校交换机配置

单位	园区	信息工程学院	财经商贸学院	土木工程学院	美术学院
交换机名称	SwitchH	SwitchX	SwitchC	SwitchT	SwitchM
交换机层级	汇聚层	接入层	接入层	接入层	接入层
trunk 端口号	f0/1-4	f0/24	f0/24	f0/24	f0/24

表 5-4　院校交换机的 VLAN 配置

部门	VLAN ID	网络地址/子网掩码范围	端口成员	网关
财务科	VLAN100	172.16.10.6/24～172.16.10.254/24	f0/1-6	172.16.10.1
学生处	VLAN200	172.16.20.6/24～172.16.20.254/24	f0/7-13	172.16.20.1
教务处	VLAN300	172.16.30.6/24～172.16.30.254/24	f0/14-20	172.16.30.1

表 5-5　园区交换机 VLAN 接口配置

园区	VLAN ID	VLAN 接口 IP 地址/子网掩码
园区 SwitchH	VLAN 100	172.16.10.1/24
	VLAN 200	172.16.20.1/24
	VLAN 300	172.16.30.1/24
信息工程学院 SwitchX	VLAN 100	172.16.10.2/24
	VLAN 200	172.16.20.2/24
	VLAN 300	172.16.30.2/24
土木工程学院 SwitchT	VLAN 100	172.16.10.3/24
	VLAN 200	172.16.20.3/24
	VLAN 300	172.16.30.3/24
财经商贸学院 SwitchC	VLAN 100	172.16.10.4/24
	VLAN 200	172.16.20.4/24
	VLAN 300	172.16.30.4/24
美术学院 SwitchM	VLAN 100	172.16.10.5/24
	VLAN 200	172.16.20.5/24
	VLAN 300	172.16.30.5/24

具体连接的园区局域网网络拓扑图如图 5-14 所示。

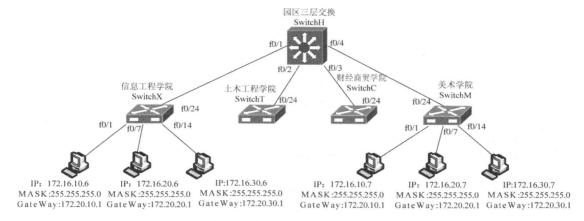

图 5-14   园区局域网网络拓扑图

5.3.5   项目实施

任务 1   跨交换机 VLAN 内通信

实训目的

- 掌握跨二层交换机相同 VLAN 间通信的调试方法。
- 交换机接口的 trunk 模式和 access 模式。

实训环境

- 安装 Packet Tracer 思科网络设备模拟器的机房或在实际网络环境中进行配置（要求：二层交换机 3 台，三层交换机 1 台，主机最少 2 台）。

操作步骤

第一步：分别在 SwitchX、SwitchT、SwitchC、SwitchM 四台交换机上创建 VLAN100、VLAN200、VLAN300。

交换机 SwitchX（其他二层交换机相同）。

```
SwitchX(Config)#vlan 100
SwitchX(Config-Vlan100)#exit
SwitchX(Config)#vlan 200
SwitchX(Config-Vlan200)#exit
SwitchX(Config)#vlan 300
SwitchX(Config-Vlan300)#exit
SwitchX(Config)#
```

第二步：按照表 5-4 分别在四个二层交换机的不同 VLAN 下添加端口成员。

```
交换机 SwitchX（其他二层交换机相同）：
SwitchX(Config)#vlan 100                    //进入 vlan 100
SwitchX(Config-Vlan100)#switchport interface ethernet 0/1-6
//给 vlan100 加入端口 1-6
```

```
Set the port Ethernet0/1 access vlan 100 successfully
Set the port Ethernet0/2 access vlan 100 successfully
Set the port Ethernet0/3 access vlan 100 successfully
Set the port Ethernet0/4 access vlan 100 successfully
Set the port Ethernet0/5 access vlan 100 successfully
Set the port Ethernet0/6 access vlan 100 successfully
SwitchX(Config-Vlan100)#exit
SwitchX(Config)#vlan 200                    //进入 vlan 200
SwitchX(Config-Vlan200)#switchport interface ethernet 0/7-13
//给 vlan 200 加入端口 7-13
Set the port Ethernet0/7 access vlan 200 successfully
Set the port Ethernet0/8 access vlan 200 successfully
Set the port Ethernet0/9 access vlan 200 successfully
Set the port Ethernet0/10 access vlan 200 successfully
Set the port Ethernet0/11 access vlan 200 successfully
Set the port Ethernet0/12 access vlan 200 successfully
Set the port Ethernet0/13 access vlan 200 successfully
SwitchX(Config-Vlan200)#exit
SwitchX(Config)#vlan 300                    //进入 vlan 300
SwitchX(Config-Vlan300)#switchport interface ethernet 0/14-20
//给 vlan 300 加入端口 14-20
Set the port Ethernet0/14 access vlan 300 successfully
Set the port Ethernet0/15 access vlan 300 successfully
Set the port Ethernet0/16 access vlan 300 successfully
Set the port Ethernet0/17 access vlan 300 successfully
Set the port Ethernet0/18 access vlan 300 successfully
Set the port Ethernet0/19 access vlan 300 successfully
Set the port Ethernet0/20 access vlan 300 successfully
SwitchX(Config-Vlan 300)#exit
```

第三步：分别设置四台二层交换机的端口 f0/24 属性 trunk，并允许所有 VLAN 通过。
交换机 SwitchX（其他二层交换机相同）。

```
SwitchX(Config)#interface ethernet 0/24
SwitchX(Config-Ethernet0/24)# switchport mode trunk
Set the port Ethernet0/24 mode TRUNK successfully
SwitchX(Config-Ethernet0/24)# switchport trunk allowed vlan all
Set the port Ethernet0/24 allowed vlan successfully
SwitchX(Config-Ethernet0/24)# exit
SwitchX(Config)#
```

第四步：在园区三层交换机 SwitchH 上创建 VLAN100、VLAN200 和 VLAN300，并设
置端口 f0/1～4 属性 trunk。

交换机 SwitchH。

```
SwitchH(Config)#vlan 100
SwitchH(Config-Vlan100)#exit
```

```
SwitchH(Config)#vlan 200
SwitchH(Config-Vlan200)#exit
SwitchH(Config)#vlan 300
SwitchH(Config-Vlan300)#exit
SwitchH(Config)#
SwitchH(Config)#interface ethernet 0/1-4
SwitchH(Config-Port-Range)# switchport mode trunk
Set the port Ethernet0/1 mode TRUNK successfully
Set the port Ethernet0/2 mode TRUNK successfully
Set the port Ethernet0/3 mode TRUNK successfully
Set the port Ethernet0/4 mode TRUNK successfully
SwitchH(Config-Port-Range)# switchport trunk allowed vlan all
Set the port Ethernet0/1 allowed vlan successfully
Set the port Ethernet0/2 allowed vlan successfully
Set the port Ethernet0/3 allowed vlan successfully
Set the port Ethernet0/4 allowed vlan successfully
SwitchH(Config-Port-Range)# exit
SwitchH(Config)#
```

第五步：将两台计算机终端 PC1 和 PC2 分别连接到不同二层交换机的相同 VLAN 端口下，ping 测试连通性。例如，PC1 和 PC2 的配置参数及连通性见表 5-6。

表 5-6 PC1 和 PC2 的配置参数及连通性

计算机	IP 地址	子网掩码	网关	连接交换机	连接端口	状态
PC1	172.16.10.6	255.255.255.0	无	SwitchX	f0/1	通
PC2	172.16.10.7	255.255.255.0	无	SwitchT	f0/1	
PC1	172.16.10.6	255.255.255.0	无	SwitchX	f0/1	不通
PC2	172.16.20.6	255.255.255.0	无	SwitchT	f0/7	

任务 2 使用三层交换机实现 VLAN 间通信

实训目的

● 理解多层交换机的路由原理。

● 熟悉多层交换机路由功能的配置。

实训环境

同任务 1。

操作步骤

第一步：按照表 5-5 分别配置 4 个二层交换机和 1 个三层交换机 VLAN 接口的 IP 地址。交换机 SwitchX（其他二层交换机配置方法相同）。

```
SwitchX(Config)#interface vlan 100
SwitchX(Config-If-Vlan100)#ip address 172.16.10.2 255.255.255.0
SwitchX(Config-If-Vlan100)#no shutdown
SwitchX(Config-If-Vlan100)#exit
```

```
SwitchX(Config)#
SwitchX(Config)#interface vlan 200
SwitchX(Config-If-Vlan200)#ip address 172.16.20.2 255.255.255.0
SwitchX(Config-If-Vlan200)#no shutdown
SwitchX(Config-If-Vlan200)#exit
SwitchX(Config)#
SwitchX(Config)#interface vlan 300
SwitchX(Config-If-Vlan300)#ip address 172.16.30.2 255.255.255.0
SwitchX(Config-If-Vlan300)#no shutdown
SwitchX(Config-If-Vlan300)#exit
SwitchX(Config)#
```

交换机 SwitchH。

```
SwitchH(Config)#interface vlan 100
SwitchH(Config-If-Vlan100)#ip address 172.16.10.1 255.255.255.0
SwitchH(Config-If-Vlan100)#no shutdown
SwitchH(Config-If-Vlan100)#exit
SwitchH(Config)#
SwitchH(Config)#interface vlan 200
SwitchH(Config-If-Vlan200)#ip address 172.16.20.1 255.255.255.0
SwitchH(Config-If-Vlan200)#no shutdown
SwitchH(Config-If-Vlan200)#exit
SwitchH(Config)#
SwitchH(Config)#interface vlan 300
SwitchH(Config-If-Vlan300)#ip address 172.16.30.1 255.255.255.0
SwitchH(Config-If-Vlan300)#no shutdown
SwitchH(Config-If-Vlan300)#exit
SwitchH(Config)#
```

第二步：在三层交换机 SwitchH 上验证路由配置。

```
SwitchH#show ip route
Total route items is 3, the matched route items is 3
Codes: C-connected, S-static, R-RIP derived, O-OSPF derived
A-OSPF ASE, B-BGP derived, D-DVMRP derived
Destination     Mask            Nexthop     Interface   Preference
C 172.16.10.0   255.255.255.0   0.0.0.0     Vlan100     0
C 172.16.20.0   255.255.255.0   0.0.0.0     Vlan200     0
C 122.16.30.0   255.255.255.0   0.0.0.0     Vlan300     0
switchH#
```

第三步：将两台计算机终端 PC1 和 PC2 分别连接到不同二层交换机的不同 VLAN 端口下，ping 测试连通性。例如，PC1 和 PC2 的配置参数及连通性见表 5-7。

表 5-7   PC1 和 PC2 的配置参数及连通性

计算机	IP 地址	子网掩码	网关	连接交换机	连接端口	状态
PC1	172.16.10.6	255.255.255.0	172.20.10.1	SwitchX	f0/1	通
PC2	172.16.20.6	255.255.255.0	172.20.20.1	SwitchT	f0/7	

5.4 关 联 拓 展

物理层设备和数据链路层设备的区别

1．物理层设备

物理层的互连设备工作在 OSI 参考模型的最底层。

（1）主要功能。

① 接收信号，并将信号放大、整形然后向所有端口转发数据。

② 扩大网络传输距离。

③ 增加互联的网络节点。

④ 能将两个不同传输介质、相同数据链路层类型的网段互联。

（2）冲突域和广播域。

所有节点处于一个冲突域和广播域。

（3）常见的设备和部件。

物理层常见的设备主要有中继器、集线器及其他类型的转接器等。

2．数据链路层设备

数据链路层设备工作在 OSI 参考模型的数据链路层，具有物理层和数据链路层的功能。

（1）主要功能。

① 具备物理层设备的所有组网功能。

② 能通过自学习生成和维护转发表。

③ 能根据转发表确定接收到的数据帧的转发端口。

④ 能够互联两个采用不同数据链路层协议、不同传输介质的局域网。

（2）冲突域和广播域。

数据链路层设备具有数据转发功能，因此它能将数据帧隔离在目标端口所处的网段中，具有隔离冲突域的作用，但是对于广播帧，所有端口都接收。例如，8 口交换机就具有 8 个冲突域，但广播域只有一个，当广播消息大量占用带宽时，容易产生广播风暴。

（3）常见的设备和部件。

主要部件包括网卡、网桥和交换机等。

3．集线器和交换机的区别

（1）它们在 OSI 模型中工作的层次不同。集线器工作在物理层，交换机工作在数据链路层（有的交换机具有第三层功能）。

（2）数据传输方式不同。集线器的传输方式是广播方式，而交换机的数据传输是通过寻址后直接发往目的端口（只有在 MAC 地址表中找不到目的端口时才采用广播方式传输数据）。

（3）带宽分配方式不同。集线器所有端口共享一个总带宽，而交换机的每个端口都具有自己的带宽。例如，100Mbps 带宽的 8 口集线器所有端口共享 100Mbps 总带宽；而对于

100Mbps 带宽的 8 口交换机来说，每个端口的带宽都能达到 100Mbps。这就决定了交换机的传输速率远高于集线器。

（4）传输模式不同。因为集线器是共享设备，所以只能采用半双工模式进行传输；而交换机在同一时刻可以同时进行数据发送和接收，是全双工模式。

目前市场上集线器大多被交换机取代。

5.5 巩固提高

1．术语搭配（连线）

LAN	带有冲突检测的载波监听多路访问
LLC	虚拟局域网
CSMA/CD	介质访问控制
Token Ring	局域网
MAC	逻辑链路控制
FDDI	光纤分布式数据接口
VLAN	令牌环

2．简答题

（1）IEEE802 局域网协议簇中主要有哪些局域网协议？

（2）简述交换机的工作原理。

（3）同一交换机划分 VLAN 的步骤是什么？

（4）跨交换机两台设备上的 VLAN 如何通信？

（5）三层交换机有哪些功能？

项目 6　组建无线局域网

在完成本项目后，你将能够：

- 了解无线通信介质的特性及其应用领域。
- 掌握无线通信网络的分类和通信标准。
- 掌握无线局域网逻辑设计的规范和要求。
- 组建对等无线局域网和具有中心节点的基础结构网络。
- 了解移动互联网的概念、现状及其发展趋势。

6.1　情境描述

家庭里无线设备越来越多，两台笔记本电脑、两台平板电脑，还有几部智能手机，这些设备的照片、视频、文档需要定期存储在一台家庭磁盘阵列文件服务器中，同时还需要安装一台网络打印机供所有设备使用，设备之间能够实现局域网络环境下的网络游戏、文件传输等功能。

6.2　需求分析

由情境描述分析，家庭局域网需要实现的功能包括以下三个方面：
（1）能实现多台移动设备之间的连接。
（2）提供文件存储服务。
（3）满足局域网络环境下各网络应用之间的通信。
解决问题的关键即建立一个移动设备互相连接的无线局域网。

6.3 探 究 学 习

6.3.1 无线通信技术基础

1. 无线通信介质——电磁波

电磁波，又称为电磁辐射，是由同向振荡且相互垂直的电场和磁场交互作用，在空间产生的行进波动。平时收听的广播、看见的五颜六色的光线、医疗健康检查做的 X 射线、可用于消毒的紫外线等，都是电磁波。不是所有的电磁波都能被看见，人眼能看见的电磁波仅局限于不同颜色的可见光。那么，都是电磁波，为何命名不同？这是由于不同的电磁波波长和频率不同，其所具有的特性不同。

电磁波在真空中的传播速度等同光速，在空气中的速度接近光速。电磁波波速的计算公式如下：

$$c=\lambda f$$

式中，c 为波速；λ 为波长；f 为频率。

在传播速度相同的条件下，波长越长的电磁波频率越低。相反，波长越短的电磁波频率越高。

按照波长或频率的大小将电磁波顺序排列起来形成电磁波谱，如图 6-1 所示。

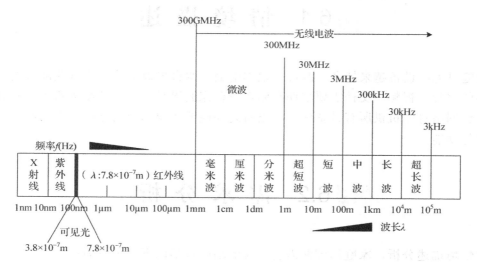

图 6-1 电磁波谱图

按波长渐长顺序排列，电磁波包括 γ 射线、X 射线、紫外线、可见光、红外线、无线电波等形式。不同的电磁波产生方式、特性和应用领域也不同，但所有电磁波都具有以下几个物理特征：

（1）电磁波的传播不需要媒介，在真空中也能传播。

（2）电磁波能穿越障碍物进行传播。

（3）电磁波是一种物质，具有能量。它是由同相且相互垂直的电场与磁场在空间中衍生发射的震荡粒子波，是以波的形式传播的电磁场，向外辐射能量，距离越远，能量越低。

1831 年，英国科学家迈克尔·法拉第发现电磁感应，1865 年，英国科学家麦克斯韦建立了完整的电磁场理论并预言电磁波的存在，直到 1888 年，德国物理学家赫兹才用实验验证了电磁波的存在，经历了半个多世纪，电磁波的发现成为世界科学发展史上的一个重要里程碑。从此，电磁波被广泛运用于医疗、卫生、航空航天、军事和通信等行业，并且成为改变世界的主要科学技术。

2．无线通信历史

电磁波在通信领域的应用深入地改变了人们的生产生活，应用于通信领域的电磁波被人们称为无线电波（简称无线电）。

无线电是电磁波的一个有限频带，频率范围在 3kHz～300GHz 之间。

1893 年，美籍塞尔维亚裔科学家尼古拉·特斯拉在美国密苏里州圣路易斯首次公开展示了无线电通信，尼古拉·特斯拉因此被认为是无线电的发明人。

1896 年，意大利人古列尔默·马可尼在英国发明无线电报。

1906 年，雷吉纳德·菲森登在美国马萨诸塞州实现了历史上首次无线电广播。

1957 年，苏联成功发射第一颗人造卫星。

从无线电的诞生到现在，无线电经历了从电子管到晶体管，从集成电路到大规模、超大规模集成电路，从短波到超短波、再到微波，从模拟方式到数字方式，从固定使用到移动使用等各个发展阶段，无线电技术已成为推动现代信息技术发展的重要创造源。

目前，无线电在通信领域的主要应用见表 6-1。

表 6-1　无线电在通信领域的主要应用

应用领域	内容	工作频率	电磁波种类	说明
广播	调频（FM）	87～108MHz	超短波	
	调幅（AM）	535～1700kHz	中波	
对讲机		400～470MHz、136～174MHz	分米波、超短波	
无绳电话	模拟无绳电话	45～48MHz	超短波	
	数字无绳电话	2.4GHz	分米波	
卫星电视		L(0.7GHz)、S(2.5GHz)、Ku(12GHz)，Ka(23GHz)、Q(42GHz)、V(85GHz)	微波	1979 年，国际电信联盟为卫星电视广播划分了 L、S、Ku、Ka、Q、V 六个频道
雷达		30MHz～300GHz	超短波、微波	
无线网络	无线局域网	5.8GHz/2.4GHz	微波	IEEE802.11a/b/g/n
	蓝牙	2.402～2.480GHz		IEEE802.15
	红外线	λ：850～950nm		IEEE802.11
	无线城域网	2～66GHz		IEEE802.16
	无线广域网	300MHz～3GHz		1G：模拟蜂窝移动通信；2G：数字通信，包含 GSM 和 CDMA 两种制式；3G：包含 WCDMA、CDMA2000 和 TD-SCDMA 三种制式；4G：包含 TD-LTE 和 FDD-LTE 两种制式

3. 无线传输

具有远距离传输能力的高频电磁波被称为射频。电能量的传输可以通过电流在导体中流动，也可以通过电磁波在空气中以不可见的波辐射传播。一个典型的无线传输系统里，带有信号的电子电流开始在导体中移动，进入发射机，由发射机将电子电流转换成空气中的电磁波，波以光速进行传播，到达接收机后，由接收机将波还原成电子电流。我们将电信息源（模拟或数字）使用高频电流进行调制形成射频信号，经天线发射到空中，远距离传输到接收端，再解调还原成电信息源这一过程称为无线传输。

6.3.2 无线通信网络分类

通过电信设备传输的主要信息种类包括语音、数据和视频。用来实现传输这三类信息的网络基础结构分别是最初用于语音的公共电话交换网（PSTN）、以计算机作为终端使用分组交换的 Internet 和用于有线电视分布的光纤同轴电缆混合网络（HFC）。

根据应用市场需求，用于无线通信的网络包括两大类：面向语音无线网络和面向数据无线网络。

面向语音无线网络包括面向语音局域网和面向语音广域网。面向语音局域网从发展过程上看包括模拟无绳电话、数字无绳电话和 PCS（个人通信业务）。面向语音广域网包括模拟蜂窝移动通信（1G）、数字蜂窝移动通信（2G）、第三代移动通信（3G）和第四代移动通信（4G）。

面向数据无线网络包括面向数据无线局域网和面向数据无线广域网。面向数据无线局域网包括 WLAN 无线局域网（IEEE802.11）和 WPAN 无线个人区域网络（IEEE802.15，即蓝牙网络）。面向数据无线广域网从最早提供移动数据服务的 GPRS（通用分组无线业务），到 GPRS 与面向语音广域网 GSM（全球移动通信系统）融合形成的 3G、4G 蜂窝系统。

本项目中无线局域网专指面向数据的无线局域网 WLAN（IEEE802.11）。

6.3.3 无线局域网

1. 无线局域网络拓扑

无线局域网的组网拓扑包括两种：无线对等网络拓扑和基础结构网络拓扑。

无线对等网络没有中心节点，各移动终端之间互相建立网络连接，各终端之间地位平等。这种拓扑连接适合传输距离近（约 40m）的临时性无线连接。

基础结构网络有一个中心节点 AP（访问点）或 BS（基站），所有移动终端通过无线与中心节点连接，AP 或 BS 统一控制终端对网络资源的访问。这种结构适用于覆盖范围更广、终端移动速率更快、可控性要求更高的网络部署。

2. 无线局域网标准

目前 WLAN 广泛使用的协议簇是 IEEE802.11。

已经发布且使用最广泛的 IEEE802.11 无线局域网标准规范有以下几种，见表 6-2。

表 6-2　IEEE802.11 无线局域网标准规范

标准	物理层（传输介质、频段、调制技术）	数据链路层	最高传输速率（Mbps）
IEEE802.11	红外线、2.4GHz、扩频	CSMA/CA（带有冲突避免的载波监听多路访问）	1 或 2
IEEE802.11a	无线电、5GHz、OFDM（正交频分多路复用）	CSMA/CA	54
IEEE802.11b	无线电、2.4GHz、扩频	CSMA/CA	11
IEEE802.11g	无线电、2.4GHz、OFDM	CSMA/CA	54
IEEE802.11n	无线电、2.4GHz、OFDM 和 MIMO（多天线）	CSMA/CA	300

3．无线局域网设备

（1）无线网卡。

无线网卡根据接口不同，主要有以下几类。

PCMCIA 接口无线网卡：笔记本电脑专用。

PCI 接口无线网卡：台式机专用。

MINI-PCI 无线网卡：笔记本电脑内置型无线网卡。

USB 无线网卡：能够安装在 USB 口上的无线网卡。

（2）无线访问接入点 AP（Access Point）。

无线访问接入点 AP 也称无线网桥，相当于一台无线交换机，它的作用是将移动计算机用户接入有线网络。AP 通过无线信号将其覆盖范围内的无线终端连接在一起，并通过有线连接，将通信信号传输到有线骨干网络中。无线覆盖范围在 400m 以内的无线 AP 一般用于室内或楼内；用于连接楼宇之间的无线 AP 采用室外网桥，连接范围可以达到几千米甚至几十千米。

（3）无线路由器。

无线路由器集成了无线 AP 和宽带路由器的功能，它不仅具备 AP 的无线接入的功能，同时具有路由功能，可以实现无线网络中所有无线设备的 Internet 连接共享。无线路由器也称扩展型 AP。

6.3.4　逻辑网络设计

1．网络结构设计

若两台移动 PC 之间临时互连，可以建立一个临时的对等局域网，通过无线设备上安装的无线网卡进行互连，无线对等局域网如图 6-2 所示。

当设备数量超过两台时，可以建立一个以无线交换机或无线路由器为中心的集中式无线局域网，各移动设备通过与无线中心设备的互连形成一个无线局域网，无线局域网网络结构如图 6-3 所示。

图 6-2　无线对等局域网

其中，磁盘阵列文件服务器通过双绞线连接到中心设备的 RJ-45 端口（LAN 口），其他移动设备均无线连接到中心设备。

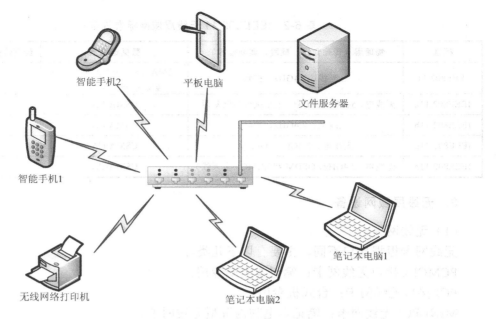

图 6-3　无线局域网网络结构

2．物理层技术选择

无线局域网可以满足移动用户对内部网络和互联网接入的需求，一个无线局域网由 AP 组成，该设备利用射频和无线用户通信。目前，家庭、小型企业用户采用的无线 AP 多数选择的是无线路由器。通过无线路由器来组建无线网络，满足众多无线设备无线上网的需求。

常用的家用无线路由器支持 IEEE802.11a/b/g/n 协议，数据传输速率为 54～450Mbps，有效工作距离在 100m 左右，除了提供无线连接外，一般还提供多个速率 10Mbps/100Mbps 的 RJ-45 局域网接口（LAN 口）和一个 100Mbps 的广域网接口（WAN 口）。

选择家用无线路由器的指标通常包括以下几方面。

（1）天线数量：1～4 个。

（2）信号强度及稳定性：信号强度的大小决定了覆盖范围大小。

（3）频率范围：一般在 2.4～5GHz 之间。

（4）路由速度：目前市场上以 300Mbps 传输速率的无线路由器为主。

（5）品牌、价格及外观：常见品牌有 TP-LINK、华为等，价格在 100 元左右。为方便携带，家用无线路由器的体积越来越小，迷你路由器很受用户欢迎。

（6）其他功能：多数路由器还提供 IP 带宽控制、无线桥接、ARP 攻击防护等管理和安全功能。

3．局域网技术选择

设计实现一个无线局域网需要考虑以下三个方面。

（1）AP 的定位：大多数 AP 信号是全角度覆盖的，平行于 AP 天线轴的方向信号最弱，垂直于天线轴的方向信号最强。当整个信号覆盖区域需要多个 AP 支持时，设计时需要对每个 AP 覆盖的范围进行预测，特别是对 AP 之间交界位置的信号进行测试。AP 相距太远，容易造成零覆盖区域；相反，AP 相距太近，会造成信号叠加区域增大，AP 成本增加。

（2）虚拟局域网段设计：在多 AP 设备组成的一个无线区域内，为保证移动用户在整个区域内自由漫游时能无间断地访问网络资源，各 AP 设备的 IP 地址尽量在一个网段内，以保证移动网卡在从一个 AP 切换到另一个 AP 时不丢失数据包。

（3）冗余 AP 设计：在一个 AP 覆盖区域内可以有两个访问点，共享一个频道。其中一个是主 AP，另一个是备份 AP。这种冗余设计可以保证在主 AP 出现故障时，备份 AP 能够迅速替代，从而提高可靠性。

4．地址设计和命名模型

无线局域网中一般为移动终端系统使用动态编址。TCP/IP 体系中，通常使用 DHCP 协议完成终端 IP 地址和域名服务器地址的自动获取。

DHCP 使用客户机/服务器模式，在有限的时间段内，DHCP 服务器为每个 DHCP 客户机自动分配一个 IP 地址，使用完毕后 IP 地址自动收回。

每个无线终端都有一个网络名称，在对网络资源进行命名时，需要遵循一些命名规则：

（1）名字简短，有意义，易于使用。例如，交换机可以使用"sw"开头，服务器可以使用"srv"开头，使用用户可以根据名称识别各类网络资源。

（2）名字中尽量避免使用下画线、空格、连字符等关键字。

（3）名字不区分大小写。

6.3.5 项目实施

任务 1 无线组建双机互连

实训目的

● 熟悉无线网卡的安装。

● 熟悉无线对等网络的安装配置过程。

实训环境

● 安装有 Windows 7 及以上操作系统的 PC 2 台。

● USB 无线网卡 2 块或 PC 内置无线网卡。

操作步骤

第一步：安装无线网卡及驱动程序。

将 USB 无线网卡插入 PC 的 USB 口，然后安装驱动程序（若操作系统能够识别该网卡，这步省略），过程同有线网卡驱动程序类似。安装结束后，在设备管理器中可以查看到新添加了无线网络适配器 Wireless LAN，如图 6-4 所示。

第二步：配置其中一台 PC 的无线网络。打开网络和共享中心，在"更改网络设置"选区中选择"设置新的连接或网络"选项，如图 6-5 所示。

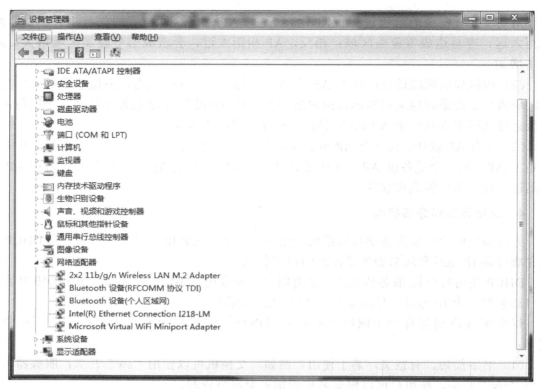

图 6-4　无线网络适配器安装状态

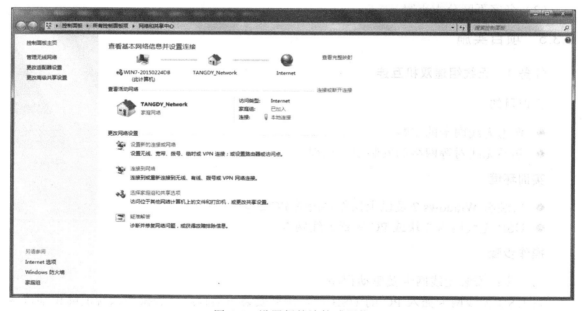

图 6-5　设置新的连接或网络

第三步：在弹出的对话框"选择一个连接选项"中选择"设置无线临时（计算机到计算机）网络"选项，再选择"下一步"按钮，如图 6-6 所示。

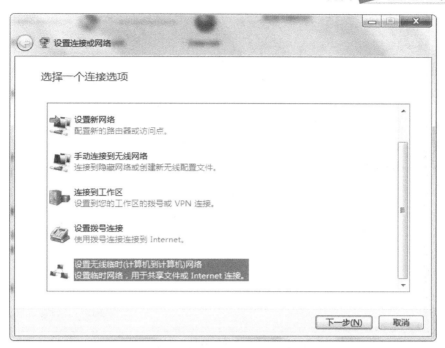

图 6-6 设置连接或网络

第四步：弹出"设置无线临时网络"对话框，选择"下一步"按钮，如图 6-7 所示。

图 6-7 设置无线临时网络

第五步：为您的网络命名并选择安全选项，安全秘钥要求是 8 至 63 个区分大小写字符，如图 6-8 所示。

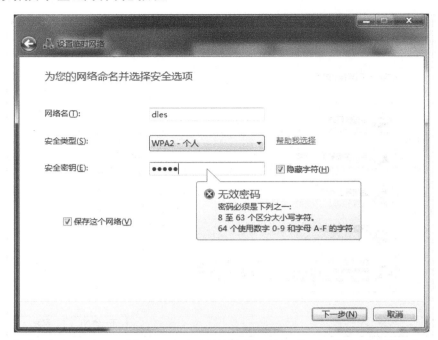

图 6-8　输入网络名及安全选项

第六步：正在配置网络，"dles"无线网络可以使用，如图 6-9 所示。

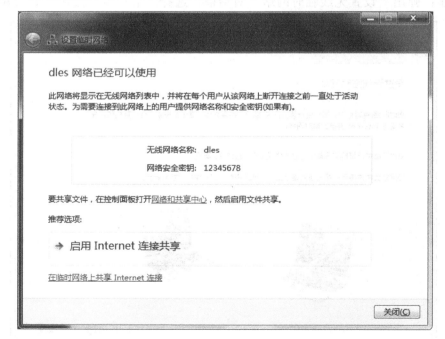

图 6-9　设置成功

第七步：创建完毕后，在桌面状态栏的网络与共享中心中会出现一个等待用户的无线网络连接"dles"，如图 6-10 所示。

第八步：在"网络连接"中设置"无线网络连接"属性，如图 6-11 所示。

图 6-10 网络状态图标

图 6-11 无线网络连接

第九步：设置无线网卡的 IP 地址（192.168.0.1）和子网掩码（255.255.255.0），如图 6-12 所示。

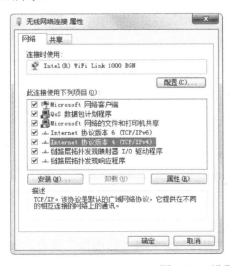

图 6-12 设置无线网络连接属性

第十步：在第二台主机中设置无线网络适配器的 IP 地址（192.168.0.2）和子网掩码（255.255.255.0）。

第十一步：在第一台主机上通过 ping 命令测试与第二台主机的连通性，状态为"连通"，如图 6-13 所示。

图 6-13　两台主机之间 ping

下面步骤均在第二台计算机中配置。

第十二步：单击桌面状态栏右下角的图标，出现网络连接状态框，如图 6-14 所示。

第十三步：右击"dles"图标，选择"属性"选项，设置加入"dles"网络的密钥（同另一台主机创建"dles"网络时设置的密钥相同），如图 6-15 所示。

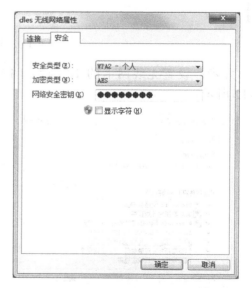

图 6-14　无线网络连接 dles 状态　　　　　图 6-15　设置无线网络连接 dles 连接安全参数

第十四步：单击"连接"按钮，如图 6-16 所示。

第十五步：身份认证通过后，这两台主机的"dles"均变成"已连接"状态，如图 6-17 所示。

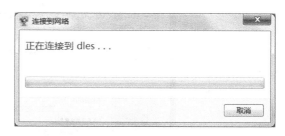

图 6-16　dles 无线网络连接状态

任务 2　通过无线路由器组建无线局域网

实训目的

● 能够按照拓扑图正确连接设备。

● 能够正确配置无线路由器。

● 能够正确配置无线客户端。

实训环境

● 连接无线路由器局域网拓扑图，如图 6-18 所示。

● 安装有 Windows 7 及以上操作系统的 PC 2 台（或以上），且安装了无线网卡。

图 6-17　无线网络 dles 已连接

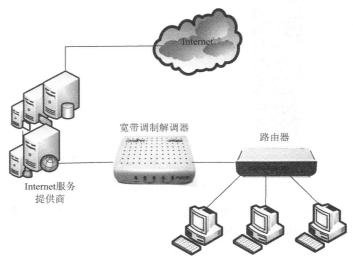

图 6-18　无线路由器局域网拓扑图

操作步骤

第一步：用一台使用双绞线连接在无线路由器 LAN 端口上的主机登陆无线路由器，进行初始设置。在该主机上打开浏览器，在地址栏中输入该无线路由器的 IP 地址。一般地址为 192.168.1.1。回车后浏览器出现登录的用户名和密码提示（IP 地址、用户名和初始密码均可以在说明书中找到），一般用户名为"admin"，如图 6-19 所示。

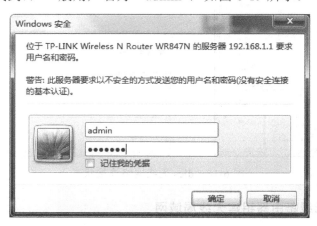

图 6-19　登录路由器

第二步：进入无线路由器的配置界面后，可以先更改 LAN 端口的 IP 地址，如图 6-20 所示。

图 6-20　无线路由器 LAN 配置

第三步：配置无线路由器 WAN 端口。WAN 端口采用 PPPoE 拨号连接到 Internet。注意这里的上网账号和口令是在 ISP 服务提供商处获得的，如图 6-21 所示。

第四步：配置 DHCP 服务器。该步骤用来给无线接入本无线路由器的主机自动分配 IP 地址和子网掩码。通过设置 IP 地址池里 IP 地址范围给主机随机分配一个未使用的 IP 地址，一旦主机关机，该 IP 地址就被无线路由器收回重新分配。注意 IP 地址池中的 IP 地址要与无线路由器的 LAN 地址在一个网段，如图 6-22 所示。

图 6-21 无线路由器 WAN 端口配置

图 6-22 无线路由器客户端 DHCP 配置

　　第五步：进行无线路由器客户端网络配置，主要设置 SSID 值。这里设置 SSID 为 "TANGDY-Network"，如图 6-23 所示。

　　第六步：进行"无线安全设置"，主要设置客户机无线登录无线路由器的密钥。

　　第七步：全部配置完毕并保存后，可以查看当前已经通过无线登录到该无线路由器的设备清单，如图 6-24 所示。

　　以上都是对无线路由器的配置，下面对需要无线登录到网络上的客户端进行配置。

　　第八步：在一台被无线 Wi-Fi 覆盖的主机上，单击桌面状态栏右下侧的网络图标，查找 SSID 号为 "TANGDY-Network" 的网络，单击"连接"按钮，如图 6-25 所示。

图 6-23　无线路由器客户端网络配置

图 6-24　登录无线路由器设备清单

图 6-25　无线网络 TANGDY-Network 图标状态

第九步：弹出提示输入密钥的窗口。这时输入的密钥要和无线路由器中对客户端设置的密钥一致，如图 6-26 所示。

图 6-26 客户端连接到无线网络 TANGDY-Network

第十步：单击"确定"按钮后，弹出"连接到网络"对话框，连接成功。

6.4 关 联 拓 展

移动互联网及其发展

1. 移动互联网的定义

移动互联网（Mobile Internet，MI）是一种通过智能移动终端，采用移动无线通信方式获取来自互联网业务和服务的新兴业务。它包含终端、软件和应用三个层面。终端层包括智能手机、平板电脑、电子书和 MID 等；软件包括操作系统、中间件、数据库和安全软件等；应用层包括休闲娱乐类、工具媒体类和商务财经类等不同应用与服务。随着技术和产业的发展，未来 LTE（长期演进，4G 通信技术标准之一）和 NFC（近场通信，移动支付的支撑技术）等网络传输层关键技术也将被纳入移动互联网的范畴之内。

随着宽带无线接入技术和移动终端技术的飞速发展，人们迫切希望能随时随地乃至在移动过程中方便地从互联网获取信息和服务。2014 年，中国移动互联网用户超过 6 亿，2015 年，中国移动互联网用户规模达到 7.9 亿，较 2014 年增长了 8.4%。截止到 2018 年，中国移动互联网用户规模已达 11 亿。伴随着移动终端价格的下降及 Wi-Fi 的广泛铺设，移动网民呈现爆发趋势。PC 互联网已日趋饱和，移动互联网呈现井喷式发展。

移动互联网的定义：

● 从网络角度来看，移动互联网是指以宽带 IP 为技术核心，可同时提供语音、数据、多媒体等业务服务的开放式基础电信网络。

● 从用户行为角度来看，移动互联网指采用移动终端通过移动通信网络访问互联网，并使用互联网业务。

● 世界无线研究论坛（WRRF）认为，移动互联网是自适应的、个性化的、能够感知周围环境的服务。

2．移动互联网的特性

移动互联网在时间和空间上消除了现实世界和虚拟世界的边际，使信息传递无缝连接，挖掘出更多的潜在需求。

从产生和发展的归因和推动力等方面来看，移动互联网存在着行为、需求和技术三方面特点。

行为特点包括：位置可变性、缺乏专注性、即时响应性、人物突变性和随时随地性。移动互联网第一次把互联网放到人们的手中，实现 24 小时随身在线的生活。信息社会许给人类最大的承诺——随时随地随身查找资讯、处理工作、保持沟通、进行娱乐，从梦想变成活生生的现实。正如中国移动一句广告语所说的那样——"移动改变生活"，移动互联网给人们的生活方式带来翻天覆地的变化。越来越多的人在购物、用餐、出行、工作时，习惯性地掏出手机，查看信息、查找位置、分享感受、协同工作……数以亿计的用户登录移动互联网，在上面停留数十分钟乃至数个小时，他们在上面生活、工作、交易、交友……这些崭新的人类行为如同魔术师的手杖，变幻出数不清的商业机会，使得移动互联网成为当前推动产业乃至经济社会发展最强有力的技术力量。

需求特点包括：需求动力的原始性、需求思维的懒惰性、需求心理的猎奇性和需求费用的低廉性。2014 年，中国移动互联网用户数量较前一年增加了 7 000 万，手机网民占网民总数超 80%，手机等移动设备成为互联网的第一入口。2015 年 1 月，移动互联网用户总数净增 492 万户，总数达到 8.8 亿户，同比增长 5.1%。其中，使用手机上网的用户达到 8.39 亿户。手机保持第一大上网终端地位，我国移动互联网发展进入全民时代。

技术特点包括：移动通信技术、物联网技术、云计算技术、大数据技术和可穿戴设备五个方面。随着移动宽带技术的迅速提升，更多的传感设备、移动终端随时随地接入网络，加之云计算、物联网等技术的带动，中国移动互联网也逐渐步入"大数据"时代。

移动互联网采用分层结构和模型，如图 6-27 所示。

图 6-27　移动互联网分层结构模型

各种应用 App 通过开放的应用程序接口 API 获得用户交互支持或移动中间件支持；互联网协议簇负责网络层到链路层的适配功能；操作系统完成上层协议与下层硬件资源之间的交互；硬件/固件指组成终端和设备的器件单元。

3. 移动互联网现状

近年来，移动网络的普及，包括 Wi-Fi、4G 网络等在大中小城市及一些乡镇农村的覆盖率不断扩大，为移动互联网的快速发展打下了良好基础。另外，智能移动终端设备销量大增，尤其是智能手机、平板电脑、智能可穿戴设备的持续热销让移动互联网可以轻松连接到每一个智能终端的用户。而安卓系统的开放性又让移动应用软件得以实现快速的发展，在内容层面对移动互联网的发展形成了良好的支撑。此外，微信、QQ 等移动社交工具的普及对移动互联网的发展也具有明显促进作用。

2015 年，中国移动互联网市场规模达到 30 794.6 亿元人民币，增长了 129.2%，移动购物依然是中国移动互联网市场中占比最高的部分，达到 67.4%。移动生活服务则是市场份额增长最快的大类，移动旅游、移动团购和移动出行领域是移动生活服务增长的主要来源。

目前整个移动互联网行业依然处于快速发展期，主要表现在以下几个方面。

（1）移动互联网加快传统行业的转型升级。"互联网+"上升到国家战略高度，使得移动互联网与传统行业的结合变得更为紧密。尤其在泛生活服务领域，出行、旅游、教育、招聘、医疗等传统行业都在借助移动互联网的平台优势进行商业模式的转型升级，未来将有更多的传统行业可以借助互联网和移动互联网实现产业的转型升级。

（2）资本驱动下，行业龙头的并购重组增多。腾讯、阿里巴巴、百度的移动互联网布局以并购为核心关键词进行重组，腾讯以微信为抓手，变并购为入股，增强补弱；阿里巴巴以生态系统为蓝图，并购范围广，整合难度大；百度以"产品+平台"为衍生，自主发力，并购的主要领域为 O2O。腾讯、阿里巴巴、百度在移动互联网的布局如图 6-28 所示。

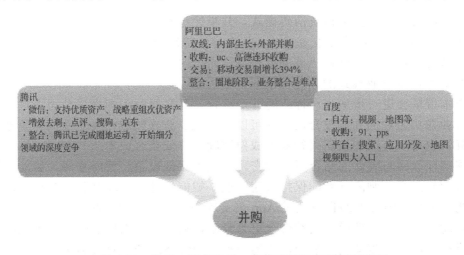

图 6-28 腾讯、阿里巴巴、百度在移动互联网的布局

（3）共享经济借助移动互联网生根发芽。从经济学的角度看，共享经济是一种互联网时代的租赁经济模式，即通过互联网第三方平台实现个体之间闲置资源使用权的交易，其本质是使用权的暂时性转移。随着滴滴、Uber、易到、神州、天天用车等移动互联网用车软件之间的大战，共享经济在国内也开始生根发芽。共享经济可有效减少资源闲置，提高资源利用率，能够带来性价比更高、更具个性化的消费体验，是网络经济发展的必

需求者享受更高性价比 People

理念

Planet 节省了地球的资源

Profit 丰厚的利润与回报

图 6-29　共享经济的三大理念 3P

然趋势之一，共享经济的三大理念 3P 如图 6-29 所示。

（4）移动互联网金融野蛮生长。移动支付、P2P 金融成为互联网行业的热门搜索词，互联网巨头基本完成了各自移动支付的产品建设，如支付宝、微信支付、百度钱包、京东钱包等，实现了移动互联网生态建设的重要一步。互联网金融也借助移动互联网实现野蛮生长，但是互联网金融领域的政策监管也需要进一步强化。

（5）移动应用爆发性增长，向平台化和垂直化双向发展。一方面，互联网巨头通过超级 App 大范围的覆盖用户，围绕自身核心资源打造生态。超级 App 逐步成为平台化、OS 化的产品，通过连接各类应用、场景，成为移动互联网应用服务的中枢。如微信截止到 2015 年底的移动互联网领域月均活跃用户覆盖率达到 87.9%，通过微信可与购物、游戏、视频、音乐、旅游、金融等多种应用和场景连接，微信已然成为一个平台化应用。另一方面，随着行业互联网化的深入，带动中长尾应用根据场景不断裂变，向着垂直领域的专业化、精细化应用发展。如旅游行业的互联网化根据用户需求场景不同可以拆分出火车票预定、旅游攻略、旅游工具、航空服务、酒店预定等多个细分场景，而这些细分场景还可以继续向下裂变为更精细的场景，这些不断裂变的场景给中长尾应用提供了更多的发展空间，这也是移动应用数量能保持高增长的主要原因。

4．移动互联网的发展趋势

（1）共享经济将颠覆更多传统消费模式。共享经济对传统行业的颠覆体现在互联网的普及降低了信息不对称、减少了交易成本，从而导致传统企业边界收缩。"劳动者—企业—消费者"的传统商业模式逐渐被"劳动者—共享平台—消费者"的共享模式所取代，最终完成共享经济对传统商业模式的颠覆性创新。

（2）资本市场会进一步加强对行业的并购整合。互联网巨头和投资公司会进一步加强对各细分行业龙头企业的并购整合，这样可以有效减少新兴领域龙头企业间竞争造成的大量资金消耗，也可以有效加快新兴行业的成熟速度，降低获客成本。

（3）移动互联网与硬件的结合更为紧密。智能可穿戴设备、智能家居、智能制造等行业将在各种利好因素的刺激下继续保持快速发展。智能硬件是移动互联网与传统制造业相交汇的产物，多个智能硬件间也将通过 App 来实现在互联网上的互联互通，从而实现物联网。未来移动互联网与硬件设备的结合会更为紧密，从而催生出更多的、使用范围更广的智能硬件类产品，进而带动创新创业，成为拉动中国经济增长的重要力量。

（4）移动互联网将进一步推动场景裂变。由于移动互联网用户使用互联网的工作场景、消费场景发生了裂变，带动移动互联网实现族群裂变，进而带来互联网中部应用的多元化发展，这一趋势将在未来 5 年内持续发展。在医疗、汽车、旅游和教育市场，以场景为导向的细分市场创新正在不断激活各垂直细分市场，如时空场景、客群活动场景等。在生活服务领域，随着不同市场的细化，使用场景将快速向深度和广度裂变，从而增加各个不同场景中中部应用的发展空间。

6.5 巩 固 提 高

1. 术语搭配（连线）

WLAN	无线访问接入点
WiMAX	无线城域网
CSMA/CA	无线个人区域网络
MI	全球移动通信系统
WPAN	无线局域网
OFDM	通用分组无线业务
AP	移动互联网
GPRS	正交频分多路复用
GSM	具有冲突避免的载波侦听多路存取

2. 简答题

（1）无线传输介质是什么？简述无线电在通信领域中的应用。

（2）无线通信网络的分类有哪些？3G、4G 网络是哪几个网络融合在一起产生的？

（3）无线访问接入点 AP 和无线路由器的区别是什么？

（4）WLAN 遵循的标准有哪些？每个标准的物理层规范和数据链路层协议分别是什么？

（5）无线局域网逻辑设计时需要考虑哪些问题？

第三部分
接入 Internet

项目 7 FTTH光纤接入Internet

在完成本项目的研究后，你将能够：
- 了解接入 Internet 的方法及各自的特点。
- 重点掌握基于 PON 的 FTTH 光纤接入 Internet 的基本原理。
- 配置家用 FTTH ONU 终端设备，满足单机及多用户同时上网的需求。
- 熟练掌握路由器的功能及基本配置。

7.1 情 境 描 述

小李家原来只有一台计算机，通过申请电信的宽带上网服务能够接入 Internet。近两年网络移动终端设备发展迅速，小李家先后购置了两台平板电脑和三部上网手机，小李急需搭建家庭无线上网环境。

7.2 需 求 分 析

由情境描述分析，小李需要解决如下问题：
（1）让单台计算机能通过电信的宽带上网业务接入 Internet。
（2）搭建家庭无线局域网，然后通过电信的宽带上网业务接入 Inernet。

7.3 探 究 学 习

7.3.1 接入 Internet 的方法

1. 接入网的概念

接入网（Access Network，AN）是用户终端设备与本地交换局设备之间的实施系统。它包括用户终端设备、用户/网络接口设备、用户线传输系统、复用设备、数字交叉连接设备、局端交换机等设备。接入网的作用是将用户需求的业务（语音、数据、视频等）通过标准化接口接入 Internet。

接入网是用户进入 Internet 的桥梁，是信息传输通道的"最后一公里"。在过去的几年中，核心网络技术飞速发展，而接入网技术由于多方面原因发展缓慢，严重阻碍了网络向宽带化、全业务化发展的趋势。为满足用户需求，目前接入网技术已经得到了各设备制造厂商、运营商和网络技术研究中心的高度重视，发展迅速。

2．拨号接入

拨号接入是利用 PSTN（公共交换电话网）的网络基础结构拨号进入 Internet，即 PSTN 用户通过拨号在用户 PC 与 Internet 服务提供者（ISP）之间建立一条物理线路。由于 PSTN 用户线是用来传输语音的模拟线路，因此在用户端需要加装频带调制解调器进行数据信号与模拟信号之间的转换。拨号接入方式简单、价格低廉，是早期单机用户接入 Internet 的主要方式。拨号接入数据传输率最高 56kbps，不能满足人们对图形、图像、视频、音频、动画等大量数据同时传输的需求，这种方式已被淘汰。

3．N-ISDN（窄带综合业务数字网）接入

N-ISDN 接入技术也是利用 PSTN 的网络基础结构拨号进入 Internet 的。在用户端的连接方式同拨号接入方式相同，但与电话和数字设备相连接的调制解调器不同，该调制解调器也被称为 ISDN 调制解调器。

ISDN 调制解调器将模拟设备和数字设备同时传出的信号集成到一条高速的数字传输网络线路中，仅通过一条线路就可以为客户提供语音服务和数据服务，因此也被称为"一线通"。N-ISDN 提供"2B+D"三路数字通道，B 通道是业务通道，传输速率为 64kbps，其中一个 B 通道通话，另一个 B 通道上网，D 通道是信令通道，用于传输用户信令和低速分组信息，传输速率为 16kbps，目前"一线通"已被 ADSL 接入技术取代。ISDN 将用户带入数字化通信时代。

4．xDSL 接入

数字用户线路（Digital Subscriber Lines，DSL）采用先进的数据调制技术，通过普通电话线能够达到更高的吞吐量。xDSL 是对所有不同 DSL 的总称。DSL 可以包括非对称 DSL（ADSL）、高比特率 DSL（HDSL）、单线 DSL（SDSL）和超高比特率 DSL（VDSL）。目前较为普及的是 ADSL。

ADSL（非对称数字用户线路）是一种上、下行传输速率不等的高速数字用户线路。在同一对用户线路上可以同时传输模拟语音和数字信号。

在 ADSL 系统中，ADSL 调制解调器从一对用户线路中辟出三个通道，普通电话业务信道（4kHz 以下的基带信号）、中速双工上、下行数据信道（16kbps～1Mbps）、高速下行数据信道（1.5～8Mbps），三路信道同时工作。ADSL 需要用户拨号连接 Internet。

5．Cable Modem 接入

Cable Modem 即电缆调制解调器，是适用于电缆传输体系的调制解调器。在我国，Cable Modem 接入业务是基于双向混合型光纤同轴电缆（HFC）的有线电视网。

Cable Modem 将数字数据调制成某个频带范围内的模拟信号进行传输，接收时再进行解调。Cable Modem 下行载波带宽为 6MHz，数据速率在采用 64QAM 调制方式时为 31.2Mbps；采用 256QAM 调制方式时为 41.6MHz。Cable Modem 提供的是非对称的专线连接。上行信号在 200kHz～3.2MHz 带宽范围内，速率可达 320kbps～10Mbps。

Cable Modem 接入技术的特点是：

（1）连接速度快。

（2）成本较低。

（3）多个 Cable Modem 用户共享单一线缆，并通过一个节点接入 Internet，因此并发上网用户数量限制了单个用户的传输速率。

（4）有线电视提供的是广播服务，同一信号将发给所有用户，因此线路具有安全问题。

6．局域网接入

大部分局域网是以太网结构的局域网。以太网技术发展迅速，也进入接入网领域。

目前流行局域网接入的场所包括住宅小区和商务楼。小区接入节点一般采用千兆/万兆以太网交换机；楼宇接入节点采用百兆/千兆交换机。小区或大楼的千兆/万兆光纤连接 IP 城域网汇聚层的路由交换机进入 Internet。

7．无线接入

项目 6 中详细介绍。

8．光网络接入

光纤接入网指局端与用户之间完全以光纤作为传输媒介。接入网光纤化的方案有 FTTC（光纤到路边）、FTTZ（光纤到小区）、FTTB（光纤到办公楼）、FTTF（光纤到楼层）、FTTH（光纤到家）。光纤接入网可以分为有源和无源两类，有源设备容易受电磁干扰和雷电影响，线路和设备故障多，因此无源光纤接入成为主流。

无源光网络（Passive Optical Network，PON）是最新发展的点到多点的光纤接入技术。无源光网络 PON 典型拓扑结构为树状或星状，由局端的 OLT（光线路终端）、ODN（光分配网）、ONU（光网络单元）组成的信号传输系统。无源光网络 PON 的本质特征是 ODN 全部由无源光器件组成，不包含任何有源电子器件，因此比有源光网络可靠性更高，同时节省了维护成本。目前 PON 技术主要有 APON（基于 ATM 的 PON）、EPON（基于以太网的 PON）和 GPON（吉比特 PON）等几种，它们的物理层都采用无源光网络，其主要差异在于采用了不同的数据链路层技术，如图 7-1 和图 7-2 所示。

7.3.2 基于 PON 的 FTTH 接入技术

1．FTTH 相关定义

根据 ONU 放置位置的不同可以区分 FTTx 的类别。FTTH 主要适用于新居民小区、高档住宅小区、别墅、办公楼等区域的接入，是目前接入网光纤化的主要建设形式。FTTH 系统 ODN 的框架结构图如图 7-3 所示。

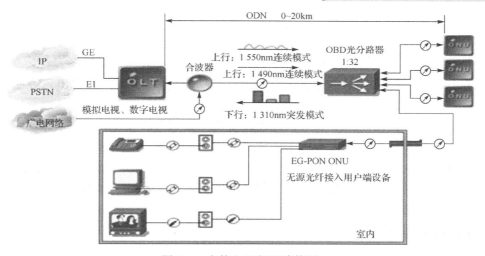

图 7-1　光接入网组网连接图

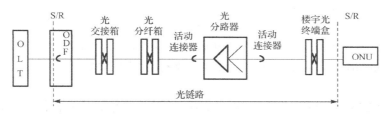

图 7-2　ODN 光分配网链路示意图

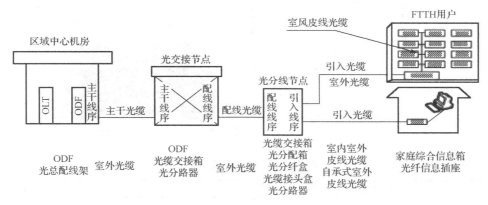

图 7-3　FTTH 系统 ODN 的框架结构图

- 区域中心局：是光纤接入服务区的核心和业务汇聚点，也是接入服务区内主干光缆的汇聚点。一般设在机房面积较大，以及电源、进出管路等配套条件较好的机楼内。机房内配备有光总配线架、OLT、数据传输的骨干汇聚设备。

- 光交接节点：光交接节点是主干光缆和配线光缆的交汇点，上连接区域中心局，下与光分线节点、用户相连。它管理着若干个一般光分线节点及一定的接入服务区域，区域内通信基础设施围绕其进行建设。光交接节点可以是室内型，利用现有的接入网机房、小区机房等。要求光缆进出方便，进户管道要有一定的富余量；也可以是室外型的光缆交接设备，要求靠近入孔，光缆出入方便，必须是安全、通风、隐蔽、便于施工维护、不易受外界损伤及自然灾害的地方。

- 光分线节点：光分线节点是配线光缆和引入光缆的交汇点。上连接光交接节点，下与一般光分线设备、用户相连。它管理着若干个一般光分线设备及一定服务区域。光分线节点可以采用室外型光缆交接设备，要求靠近入孔，光缆出入方便，不易受外界损伤及自然灾害的地方；也可以是室内型分配分线设备。
- 主干光缆：是指区域中心局机房连接至光交接节点的光缆。
- 配线光缆：是指光交接节点连接至光分线节点的光缆。
- 引入光缆：是指光分线节点连接至一般光分线设备、用户接入点的光缆。
- 入户光缆：属于引入光缆段，一般是指用户接入点连接至一般光分线设备的光缆，也有一些用户接入点直接与光分线节点相连。

2．FTTHONU 终端

ONU 终端是无源光纤接入用户端设备。FTTH 连接中 ONU 安装在住户或办公室内。目前 FTTHONU 终端具备以下特点：

- 吉比特数据传输速率。采用 G-PON 技术，通过光纤提供高速数据通道。
- 全方位的数据服务。提供高速的互联网连接和视频、语音服务。
- 方便的 QAM（质量保证管理）管理。支持远程 QAM 管理，业务发放和维护管理简便。

下面以 WO-27S 型 ONU 终端（常被称为"光猫"）为例介绍各指示灯状态，如图 7-4 及表 7-1 所示。

图 7-4　吉比特无源光纤接入用户端设备 G-PON ONU

表 7-1　各指示灯的功能及状态

指示灯（英文）	功能	正常状态
Power	电源灯	绿色常亮
PON	认证注册灯	绿色常亮
LOS	光纤信号灯	常灭
PHONE	电话线路灯	绿色常亮
LAN1/LAN2（有的品牌更多）	以太网络接口灯	绿色常亮
WLAN（有的品牌没有）	无线信号灯	绿色常亮

7.3.3　逻辑网络设计

1．网络结构设计

表 7-2 显示家用 ONU 设备端口作用及连线类型。

表 7-2　家用 ONU 设备端口作用及连线类型

端口名称	作用	连线类型
PON	连接局端光纤分线盒的引入光纤	光纤
PHONE	连接室内电话	RJ-11 接口，电话线
LAN1/LAN2……	连接室内计算机或路由器	RJ-45 接口，双绞线
CATV（有的设备没有）	连接有线电视信号	有线电视电缆
POWER	接通电源	电源线

家用 FTTH ONU 用户终端连接拓扑图如图 7-5 所示。

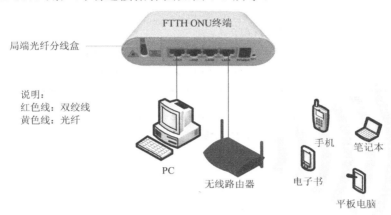

图 7-5　家用 FTTH ONU 用户终端连接拓扑图

物理连接方法是将局端引入光纤连接室内 ONU 终端（"光猫"）。若室内仅连接一台单机入 Internet，那么由 PC 直接连接到光猫的 LAN 口。若室内有多台智能设备同时具有入网需求，可以采用无线局域网方案。具体做法是新增一台无线路由器连接到光猫的 LAN 口，通过配置拨号连接、DHCP 等服务，满足室内多用户同时上网的需求（同项目 6）。

2．物理层技术选择

接入网采用无源光网络 FTTH 连接入户，它是电信和联通提供的光纤到桌面的主要服务。FTTH 逐渐取代 ADSL 成为普及的 Internet 接入技术。FTTH 与 ADSL 的主要区别有：

（1）传输速率快。FTTH 最大提供 4Mbps 上行速率，100Mbps 下行速率。ADSL 拨号连接理论上最大上行带宽为 1Mbps，下行带宽为 8Mbps。

（2）从传输介质上看，FTTH 选择光纤作为传输媒介，光纤的原材料是二氧化硅，价格远低于 ADSL 采用的电话线（铜线介质）。同时铜介质在传输信号时容易受电磁干扰，维护成本更高。

7.3.4　项目实施

任务 1　单机通过 FTTH ONU 接入 Internet

实训目的

● 熟悉 FTTH ONU 无源光网络接入设备的接线方法。

● 能够通过配置单机的宽带拨号程序连接 FTTH ONU 上 Internet。
● 能够将无线路由器连接 FTTH ONU 设备，并正确设置无线路由器，使家用多台无线智能设备能同时上 Internet。

实训环境

● 安装有 Windows 7 及以上操作系统的 PC2 台。
● USB 无线网卡 2 块或 PC 内置无线网卡。

操作步骤

第一步：安装有线网卡及驱动程序。

一般计算机都配置了有线网卡，驱动程序也已安装好，这步可以省略。

第二步：打开"控制面板"→"网络和共享中心"窗口，如图 7-6 所示。

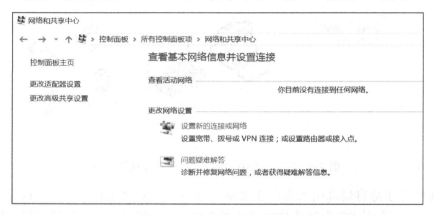

图 7-6　网络和共享中心状态

第三步：单击"设置新的连接或网络"选项，弹出如下窗口，单击"连接到 Internet"→"下一步"按钮，如图 7-7 所示。

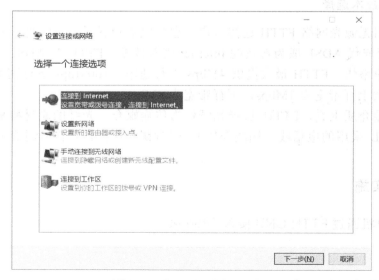

图 7-7　设置新的连接或网络

第四步：弹出如下图所示窗口，选择新建"宽带（PPPoE）"连接。注意：配置 FTTH ONU 的客户端登录程序与配置 DLS 拨号连接程序相同，如图 7-8 所示。

图 7-8　新建"宽带（PPPOE）"连接

第五步：在弹出的窗口中输入用户名、密码和连接名称，选择"连接"按钮后，系统进行 Internet 连接测试，如图 7-9 所示。

图 7-9　连接测试

第六步：系统提示"你已连接到 Internet"，这时在"网络和共享中心"显示了连接名为"FHHT-ONU"的公共网络，Internet 连接正常，如图 7-10 所示。

图 7-10　Internet 连接正常

第七步：查看"网络连接"，"FTTH-ONU"连接成为当前默认连接，如图 7-11 所示。

图 7-11　设置 FTTH-ONU 为当前默认连接

第八步：单机通过 FTTH ONU 光猫配置连接 Internet 完毕。

任务 2　局域网通过 FHHT ONU 接入 Internet

本任务配置家庭用无线路由器，请参照项目 6 操作过程，本节不赘述。

7.4　关联拓展

局域网接入 Internet 的互连设备——路由器

1. 路由器的功能

我们知道，无论是 OSI 体系结构还是 TCP/IP 体系结构，都是一种结构化分层模型。所谓的"分层模型"，是将实现不同通信功能的协议按照功能划分成若干层，由组成每层的所有协议来完成该层定义的功能。不同的通信协议安装在不同的硬件中实现体系结构中不同层的功能。我们将只具有物理层功能的硬件称为物理层设备，将具备数据链路层及以下各层功能的硬件称为数据链路层设备（即二层设备）。同理，网络层设备（三层设备）是具备网络层及以下各层功能的硬件。

大致来说，物理层设备（如集线器、中继器）只能连接两个数据链路层及以上各层协议均相同的两个局域网，具体作用只是将通信线路上的信号复制、放大并传输出去。数据链路层设备（如网桥、交换机）的作用是可以连接数据链路层不同但网络地址相同的两个局域网（如将令牌环网和以太网互相连接）。只有网络层及以上的设备（如路由器）才能连接两个不同子网（即逻辑地址 IP 网段不同的两个局域网）。

Internet 是由组成通信子网的若干网络节点将位于世界各个位置的局域网连接在一起的，而互连局域网的主要设备是路由器。局域网内部计算机之间进行通信无须由 IP 地址寻址（因为他们在一个网段中），二层设备即能确定数据转发的端口。若位于两个不同网段局域网中的两台计算机要相互通信，则必须使用三层设备——路由器。

路由器主要有如下几种功能。

（1）路径选择。

路由器的主要工作就是为经过路由器的每个数据帧寻找一条最佳传输路径，并将数据有效传输到目的站点。为完成这项工作，在路由器中保存着各种传输路径的相关数据——路由表，供路由选择时使用。路由表中保存着子网的标志信息、路径优先级和下一个路由器的名字等内容。路由选择就是从路由表中寻找一条将数据包从源主机发送到目的主机的传输路径的过程。

路由表分为静态路由表和动态路由表。由系统管理员事先设置好固定的路由表称为静态路由表，一般是在系统安装时就根据网络的配置情况预先设定的，它不会随网络结构的改变而改变。静态路由表的优点是几乎不消耗路由器的资源，缺点是不能随网络拓扑结构的改变而改变。动态路由表是由路由选择协议根据网络系统的运行情况而自动调整的路由表。路由器根据路由协议提供的功能，自动学习和记忆网络运行情况，在需要时自动计算数据传输的最佳路径。动态路由的方式会不同程度占用网络带宽和 CPU 资源，适合网络规模大、网络拓扑结构复杂的网络。

路由协议是指路由选择协议，是实现路由选择算法的协议。常用的路由协议分为内部网关协议（Interior Gateway Protocol，IGP）和外部网关协议（Exterior Gateway Protocol，EGP）。常用的 IGP 有 RIP（路由信息协议）、OSPF（开放式最短路径优先协议）、IGRP（内部网关路由协议）等。RIP 是基于距离向量的路由协议，它选择站点数最少的路径作为最优路径，一般用于规模较小的网络中。

（2）数据转发。

数据转发的过程是：

① 收到帧，去掉帧头，得到一个 IP 数据包。

② 读取 IP 数据包的目的 IP。

③ 查询路由表信息，得到与目的 IP 相同的表条目，并同时得到下一跳的端口号或下一跳站点地址。

④ 重新进行下一跳所在网络的二层帧格式的封装。

⑤ 转发到下一跳。

默认情况下，路由器不转有限广播报文（目的地址为 32 位全 1），也就是说路由器的每个接口分别处于不同的广播域中，所以路由设备能有效阻断广播风暴。

（3）数据过滤。

路由器中可以通过配置访问控制列表（Access-list，ACL）来控制具有某个特征的数据包是否能通过。访问控制列表包括标准访问控制列表和扩展访问控制列表。标准访问控制列表仅依据源地址定义特征数据包，即只要从同一个数据源或一段 IP 地址发出的数据就可以被标准访问控制列表允许出入。扩展访问控制列表除依据源地址，还依据目的地址、协议类型及协议端口号定义特征数据包，凡符合扩展访问控制列表项定义的数据包均被允许出入。

（4）网络地址转换。

路由器的网络地址转换（Net Address Translation，NAT）能解决 IP 地址紧缺的问题，并且能使内外网络隔离，提供一定的网络安全保障。NAT 具体做法是在内部网络中使用内部 IP 地址，通过 NAT 把内部局域网 IP 地址映射成合法的 Internet 上使用的 IP 地址。

2. 路由器的基本配置

（1）路由器的配置模式。

使用用户名和密码登录到路由器后，可以进入路由器的操作模式。路由器的操作模式有：用户模式、特权模式、全局配置模式和接口模式。每种模式的操作权限不同。模式之间可以相互切换。下面以神州数码 DCR2611 为例介绍每种模式的切换。

① 启动超级终端程序，相关参数设置：选择使用 COM3 连接，波特率选择"9600"，数据位选择"8"，奇偶校验选择"无"，停止位选择"1"，流量控制选择"无"；或者直接单击"还原默认值"。

② 打开路由器 DCR2611 的电源开关。进入到 DCR2611 的 CLI 配置方式。

③ 使用问号（？）和方向键。

输入一个问号，获得当前可用的命令列表。

输入命令，紧跟空格和问号，获得命令参数列表。

按下 up 方向键，可显示以前输入的命令。

④ 切换命令模式。

从用户模式进入特权模式：

```
router>enable
router#
```

从特权模式进入全局配置模式：

```
router#config
router_config#
```

进入接口配置模式：

```
router_config#interfaces1/0
router_config_s1/0#
```

从接口配置模式退到全局配置模式（可用 exit 或 quit 或 Ctrl-Z 命令直接退回到管理模式）：

```
router_config_s1/0#quit
```

从全局配置模式退到特权模式：

```
router_config#quit
router#
```

⑤ 保存路由器的配置信息。

```
Router#write
```

（2）路由器带外及带内管理。

对路由器进行配置前，需掌握带外及带内管理模式。带外的管理方法是 PC 通过 Console 接口配置；带内的管理方法可以通过 telnet 方式配置或通过 Web 方式配置，连接如图 7-12 所示。

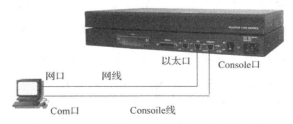

图 7-12　路由器带外及带内管理线路连接图

1）带外管理。

① 将配置线的一端与路由器的 Console 口相连，另一端与 PC 的串口相连，如图 7-12 所示。

② 在 PC 上运行终端仿真程序。单击"开始"按钮，找到"程序"，选择"附件"下的"通讯"选项，运行"超级终端"程序，如图 5-8 所示，同时需要设置终端的硬件参数（包括串口号）。

波特率：9600

数据位：8

奇偶校验：无

停止位：1

流控：无

③ 路由器加电，超级终端会显示路由器自检信息，自检结束后出现命令提示"Press RETURN to get started"。

④ 按回车键进入用户配置模式。DCR 路由器出厂时没有定义密码，用户按回车键直接进入一般用户模式，可以使用权限允许范围内的命令，需要帮助可以随时键入"？"，输入 enable，敲回车则进入特权用户模式。这时用户拥有最大权限，可以任意配置，需要帮助可以随时键入"？"。

2）带内管理（telnet 命令）。

① 设置路由器以太网接口地址并验证连通性。

```
Router>enable                                        //进入特权模式
Router #config                                       //进入全局配置模式
Router_config#interface f0/0                         //进入接口模式
Router_config_f0/0#ip address 192.168.2.1 255.255.255.0  //设置接口 IP 地址
Router_config_f0/0#no shutdown
Router_config_f0/0#^Z
Router#show interface f0/0                            //验证
```

② 设置 PC 的 IP 地址及子网掩码 192.68.2.2/24 并 ping 测试连通性（通过）。

③ 在 PC 上 telnet 到路由器。

为了保证安全性，路由器中默认为所有的 telnet 用户必须通过验证才可以进入路由器配置界面，在 DCR 系列路由器中，系统支持使用本地或其他验证数据库对 telnet 用户进行验证，具体过程可参考如下。

第一步：设置本地数据库中的用户名，本例使用 dcnu 和密码 dcnu。

```
Router_config#username dcnu password dcnu //设置本地用户名和密码
```

第二步：创建一个新的登录验证方法，名为 login_fortelnet。

```
Router_config#aaa authentication login login_fortelnet local
  //创建 login_fortelnet 方法登录验证，采用 local 本地数据库验证
```

第三步：进入 telnet 进程管理配置模式，配置登录用户使用 login_fortelnet 的验证方法进行验证。

```
Router_config#line vty 0 4
Router_config_line#login authentication login_fortelnet   //在接口下应用
```

第四步：经过前三步配置，在 PC 上使用 telnet 登录路由器时的过程如下所示。

```
C:\>telnet 192.168.2.1
Connecting to remote host...
Press 'q' or 'Q' to quit connection
```

```
User Access Verification
Username: dcnu
Password:
2004-1-1 04:21:34 User dcnu logged in from 192.168.2.1 on vty 1
                    Welcome to DCR Multi-Protocol 1700 Series Router
Router>
```

3）带内管理（Web 方式）。

将以太网接口地址配置为 192.168.2.2/24。

第一步：进入快速以太网接口模式。

```
Route_config#interface fastethernet 0/0
```

第二步：设置该接口 IP 地址/子网掩码。

```
Route_config_f0/0#ip address 192.168.2.2 255.255.255.0
```

第三步：开启接口并退出接口模式。

```
Route_config_f0/0#no shutdown
Route_config_f0/0#exit
```

第四步：启动 http 服务。

```
Route_config#ip http server
```

第五步：开启 http 服务端口号 80。

```
Route_config#ip http port 80
```

第六步：配置 http 认证口令（明文，密码"r123"）。

```
Route_config#enable    password 0 r123
```

第七步：在客户机上使用 Web 用户界面访问路由器。

 7.5 巩 固 提 高

1. 术语搭配（连线）

FTTH	非对称数字用户线路
ADSL	无源光网络
N-ISDN	质量保证管理
ONU	光线路终端
OLT	窄带综合业务数字网
AN	光分配网
PON	网络地址转换
ODU	光网络单元

QAM	光纤到家
ACL	访问控制列表
NAT	接入网

2．简答题

（1）Internet 接入方式有哪些？

（2）根据光纤延伸的最远位置，光网络可以有哪些分类？其中能够实现光纤到桌面的接入网是什么？

（3）无源光网络的组成部分有哪些？为什么称为"无源"？它相比"有源"有哪些优点？

（4）FTTH 与 ADSL 的区别有哪些？

（5）家用无线路由器的功能是什么？

项目 8 LAN 接入 Internet

在完成本项目后，你将能够：

● 了解路由器的基本工作原理。

● 配置静态路由和动态路由。

● 将局域网通过路由器配置接入 Internet。

8.1 情 境 描 述

校园内有三栋教学及办公楼 A、B、C。在进行校园网规划时，楼内自成局域网，楼间通过路由器相互连接。其中网管信息中心所在楼的路由器同时负责与外网相连，它是整个校园网接入 Internet 的出口。

8.2 需 求 分 析

由情境描述分析，整个校园网需要解决如下问题：

（1）不同楼局域网形成不同网段，有效隔离广播风暴。

（2）不同网段之间能正常路由。

（3）通过与 Internet 服务提供商（Internet Service Provider，ISP）协商，整个局域网通过其中一台路由器以 PPP 的方式接入 Internet。

8.3 探 究 学 习

8.3.1 路由基础

1. 静态路由

路由器是根据路由表来选择路径的。每台路由设备中都保存一张 IP 路由表，该表存储着有关可能的目的地址和如何到达目的地址的信息。一张最简的路由表结构包含要到达网络的网络地址和下一跳网络（或接口），如图 8-1 所示。

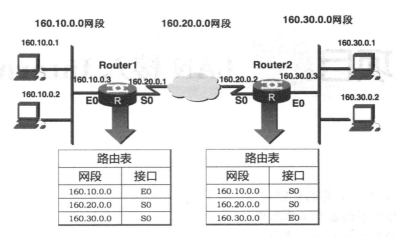

图 8-1　简单的路由表

一个简单的路由表通常包含许多（N，R）对序偶，其中 N 代表目的网络地址，R 代表到目的网络 N 的路径上的"下一跳"接口。路由器中的路由表仅仅指定了从 R 到目的网络路径上的一步，并不知道到达目的网络的完整路径。

如果是静态路由，路由表中的路由项是由网管员填写的，不同品牌的路由器添加静态路由表项的命令不同，下面就以神州数码路由器为例说明上图中 Router1 的静态路由配置。静态路由适合简单且固定的网络结构。

```
Router1_config#interface f0/1                              //进入以太网接口模式
Router1_config_f0/0#ip address 160.10.0.3 255.255.0.0      //配置接口 IP 地址
Router1_config_f0/0#no shutdown                            //开启接口
Router1_config_f0/0#exit                                   //退出接口模式
Router1_config # interface s0/0                            //进入串行接口模式
Router1_config_s1/0# ip address 160.20.0.1 255.255.0.0     //配置接口 IP 地址
Router1_config_s1/0#no shutdown                            //开启接口
……
Router1_config_s0/0#exit                                   //退出接口
……
Router1#show ip route
Codes: C - connected, S - static, R - RIP, B - BGP, BC - BGP connected
D - DEIGRP, DEX - external DEIGRP, O - OSPF, OIA - OSPF inter area
ON1 - OSPF NSSA external type 1, ON2 - OSPF NSSA external type 2
        OE1 - OSPF external type 1, OE2 - OSPF external type 2
        DHCP - DHCP type
VRF ID: 0
C       160.10.0.0/16       is directly connected, FastEthernet0/0  //直连路由
C       160.20.0.0/16       is directly connected, Serial1/0
……
Router1_config# ip route 160.30.0.0 255.255.0.0 160.20.0.1//配置目标网络 160.30.0.0 和下一跳
```

```
......
Router1-A#show ip route
Codes: C - connected, S - static, R - RIP, B - BGP, BC - BGP connected
D - DEIGRP, DEX - external DEIGRP, O - OSPF, OIA - OSPF inter area
ON1 - OSPF NSSA external type 1, ON2 - OSPF NSSA external type 2
     OE1 - OSPF external type 1, OE2 - OSPF external type 2
     DHCP - DHCP type

VRF ID: 0

C      160.10.0.0/16          is directly connected, FastEthernet0/0
C      160.20.0.0/16          is directly connected, Serial1/1
S      160.30.0.0/16          [1,0] via 160.20.0.1     //静态路由,管理距离是 1,到达目的网段
                                                          经过 160.20.0.1 端口
```

配置静态路由的命令是 IP ROUTE <ip-address1><net-mask><ip-address2>

说明：ip-address1 目标网络地址。

net-mask 目标网络子网掩码。

ip-address2 下一跳接口的 IP 地址。

在这个网络结构中，当配置完 Router1 的 f0/0 和 s1/0 这两个接口的 IP 地址时，如果使用 show ip route 命令查询当前路由表情况，系统会提示有两条直连路由项已存在，即 160.10.0.0 网段和 160.20.0.0 网段为直连网段，未直连网段 160.30.0.0 是通过人工手动配置静态路由得到的。同理，Route2 上也要做这些配置。

2．基于距离向量的路由信息协议（RIP）

RIP 是运用最早的动态路由选择协议，适用于小型同类网络，它采用向量—距离路由选择算法。

具体路由过程是：每个路由器周期性地向其他路由器广播自己的路由表信息，通知相邻路由器自己可以到达的网络，以及到达该网络的距离（通常用"跳数"来表示），相邻路由器可以根据收到的路由信息修改和刷新自己的路由表。

仍然针对图 8-1 网络结构，动态路由协议 RIP 的配置过程只需要将静态路由配置语句更改为 RIP 协议配置语句即可。

```
Router1_config#router rip
Router1_config_rip#network 160.10.0.0
Router1_config_rip#network 160.20.0.0
Router1_config_rip#^Z
Router1#2004-1-1 00:15:58 Configured from console 0 by DEFAULT
Router1#show ip route
Codes: C - connected, S - static, R - RIP, B - BGP, BC - BGP connected
     D - DEIGRP, DEX - external DEIGRP, O - OSPF, OIA - OSPF inter area
     ON1 - OSPF NSSA external type 1, ON2 - OSPF NSSA external type 2
     OE1 - OSPF external type 1, OE2 - OSPF external type 2
     DHCP - DHCP type
```

```
            VRF ID: 0
      C           160.10.0.0/16           is directly connected, FastEthernet0/0
      C           160.20.0.0/16           is directly connected, Serial1/0
```

这时显示 Router1 中只有直连路由，然后配置 Router2。

```
      Router2_config#router rip
      Router2_config_rip#network 160.20.0.0
      Router2_config_rip#network 160.30.0.0
      Router1_config_rip#^Z
      Router2#2004-1-1 00:15:58 Configured from console 0 by DEFAULT
      Router2#show ip route
      Codes: C - connected, S - static, R - RIP, B - BGP, BC - BGP connected
             D - DEIGRP, DEX - external DEIGRP, O - OSPF, OIA - OSPF inter area
             ON1 - OSPF NSSA external type 1, ON2 - OSPF NSSA external type 2
             OE1 - OSPF external type 1, OE2 - OSPF external type 2
             DHCP - DHCP type
      VRF ID: 0
      R           160.10.0.0/16           [120,1] via 160.20.0.2(on Serial1/0)    //从 Router1 学习到的路由，路
径为 1）
      C           160.30.0.0/16           is directly connected, FastEthernet0/0
      C           160.20.0.0/16           is directly connected, Serial1/0
```

这时如果再在 Route1 上查询 IP 路由情况，两台路由器已经动态相互学习了对方的路由信息，并将相邻路由器中的路由项添加到自己的路由表中，不过跳数增加了 1。

```
      Router1#show ip route
      Codes: C - connected, S - static, R - RIP, B - BGP, BC - BGP connected
             D - DEIGRP, DEX - external DEIGRP, O - OSPF, OIA - OSPF inter area
             ON1 - OSPF NSSA external type 1, ON2 - OSPF NSSA external type 2
             OE1 - OSPF external type 1, OE2 - OSPF external type 2
             DHCP - DHCP type
      VRF ID: 0
      R           160.30.0.0/16           [120,1] via 160.20.0.1(on Serial1/0)    //从 Router1 学习到的路由，路
径为 1）
      C           160.10.0.0/16           is directly connected, FastEthernet0/0
      C           160.20.0.0/16           is directly connected, Serial1/0
```

RIP 协议的优点是简单、易于实现。为保证路由表能正确反应实时网络结构，路由器需要定时向邻居广播本路由器路由表信息，这种路由信息的交换占用非常大的网络带宽，不适合网络拓扑结构经常变化的或大型的互联网环境。

有兴趣的同学可以自学其他动态路由协议。

8.3.2　广域网连接协议（PPP）

在家庭拨号上网、ADSL 接入、FTTH 接入都使用了点对点协议（Point-to-Point Protocol，PPP）。PPP 是目前接入广域网应用中最广泛的协议之一。

PPP 是为在同等单元之间传输数据包的简单链路设计的数据链路层协议，主要用来通过拨号或专线方式在主机、网桥和路由器之间建立点对点连接，全双工且按序传输数据。

PPP 协议包含三部分内容：链路控制协议（Link Control Protocol，LCP）、网络控制协议（Network Control Protocol，NCP）和认证协议。最常用的认证协议包括口令验证协议（Password Authentication Protocol，PAP）和挑战握手验证协议（Challenge-Handshake Authentication Protocol，CHAP）。

1. PPP 链路建立过程

PPP 协议的具体过程包括三个步骤：

① 由 LCP 负责创建链路。该阶段在链路两端的设备间建立一条链路，并选择用户验证协议（PAP 或 CHAP）。

② 由①确定的用户验证协议进行用户验证。如果验证结果失败，不能进入③。

③ 调用网络层协议 NCP。该步骤将调用在①中双方确定的各种 NCP。网络控制协议 NCP 用来解决 PPP 链路上的网络层协议问题，例如，IPCP（IP 控制协议）可以向拨号用户动态分配 IP 地址。

通过上述三个步骤，一条完整的 PPP 链路就建立好了。

随着网络技术的飞速发展，宽带接入技术也衍生出了新的 PPP 协议。例如，在以太网上运行 PPP 进行用户认证接入的协议称为 PPPoE（PPP over Ethernet），在 ATM 网络上运行 PPP 的协议称为 PPPoA（PPP over ATM）。

2. 认证方式

（1）密码验证协议（PAP）。

PAP 验证过程包括两步，因此被称为两次握手过程：

① 被验证方发送用户名和密码到验证方。

② 验证方根据用户配置查看是否有此用户及密码是否正确，用户名和密码都正确的情况下返回确认信息 ACK，否则返回 NACK。

PAP 的特点是用户名和密码在传输的过程中是明文，容易被截获盗取，安全等级不高，适用于对网络安全要求不高的环境。

（2）挑战握手验证协议（CHAP）。

与 PAP 不同，CHAP 是一种加密的验证方式，在线路上传输的是加密的用户名和密码。

CHAP 采用的是三次握手验证：

① 首先由验证方向被验证方发送一个挑战字符串（Challenge）。挑战字符串格式如图 8-2 所示，包涵 4 个字段内容。

TYPE＝01 （类型字段）	ID （序列号）	RANDOM （随机数字）	UserName （本机用户名）

TYPE：代表数据包的类型有 Challenge（01）、Response（02）、Ack（03）、Failure（04）。

图 8-2　挑战字符串格式

在发出挑战字符串后，验证方在自己的路由器里保存了 ID 和 RANDOM 值。

② 被验证方在接收到的挑战字符串中搜集三个信息。

ID 值、RANDOM 值及根据字符串中验证方的用户名在本地数据库中查找出的密码通过哈希算法进行加密，并将加密结果回应验证方（Response）。

Response 字符串包括 4 个字段内容，如图 8-3 所示。

TYPE=02 （类型字段）	ID （序列号）	Hash 值	UserName （本机用户名）

Hash 值：由 ID、RANDOM、密码三个数作为参数计算出来。

图 8-3　Response 字符串内容

③ 验证方得到 Response 字符串后，在本地数据库中查找被认证方的密码，以相同三个参数计算出哈希散列函数值，并将此值与被验证方 Response 得到的值进行比较，若相符则通过，向被验证方发送"成功"消息；否则，发送"失败"消息，连接断开。

注意：验证方和被验证方的哈希值如果一样，则在两个设备的本地数据库中对方用户的密码必须一致。

由于挑战字符串是随机生成的，每次都不一样，且不可预测，所以 CHAP 因其良好的安全性而被广泛采用。

3．PPP 具体实现

PPP 协议配置过程如下（以神州数码网络设备为例）。

● 配置接口帧封装类型。

命令：encapsulation PPP

说明：封装 PPP 帧。

● 指定 PPP 验证方式。

命令：ppp authentication <chap|pap><callin>

说明：定义支持的认证方法。无论哪种认证方法，都有单项验证和双向验证。双方设备配置命令中都没有 callin 参数默认双向验证，此时由被验证方首先发起 Challenge；若单方设备配置了 callin 参数，则该设备是被验证设备，首先由被验证方拨号给验证方，然后由验证方主动发起 Challenge。

● 按指定的验证方式发送用户名和密码（若 CHAP 方式，则只发送本机用户名）。

命令：ppp chap hostname *****

说明：CHAP 方式中发送给对方验证的用户名。

8.3.3　逻辑网络设计

园区网络拓扑结构图如图 8-4 所示。

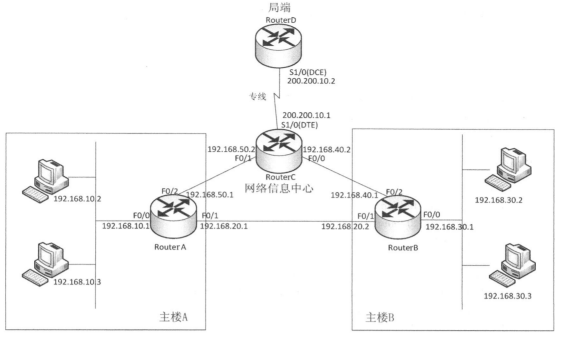

图 8-4　园区网络拓扑结构图

8.3.4　项目实施

任务 1　配置 RIP 动态路由

实训目的

- 掌握 RIP 动态路由的配置方法。
- 理解 RIP 协议的工作过程。

实训环境

- 安装 Packet Tracer 思科网络设备模拟器的机房或在实际路由器环境中进行配置（要求：路由器 4 台，主机最少 4 台）。

操作步骤

第一步：配置所有路由器的接口 IP 地址，保证所有接口全部是打开状态，并测试连通性。

RouterA。

```
RouterA_config#interface fastethernet 0/0
RouterA_config_f0/0#ip address 192.168.10.1 255.255.255.0
RouterA_config_f0/0#no shutdown
RouterA_config_f0/0#exit

RouterA_config#interface fastethernet 0/1
```

```
RouterA_config_f0/0#ip address 192.168.20.1 255.255.255.0
RouterA_config_f0/0#no shutdown
RouterA_config_f0/0#exit

RouterA_config#interface fastethernet 0/2
RouterA_config_f0/0#ip address 192.168.50.1 255.255.255.0
RouterA_config_f0/0#no shutdown
RouterA_config_f0/0#exit
```

RouterB。

```
RouterB_config#interface fastethernet 0/0
RouterB_config_f0/0#ip address 192.168.30.1 255.255.255.0
RouterB_config_f0/0#no shutdown
RouterB_config_f0/0#exit

RouterB_config#interface fastethernet 0/1
RouterB_config_f0/0#ip address 192.168.20.2 255.255.255.0
RouterB_config_f0/0#no shutdown
RouterB_config_f0/0#exit

RouterB_config#interface fastethernet 0/2
RouterB_config_f0/0#ip address 192.168.40.1 255.255.255.0
RouterB_config_f0/0#no shutdown
RouterB_config_f0/0#exit
```

RouterC。

```
RouterC_config#interface fastethernet 0/0
RouterC_config_f0/0#ip address 192.168.40.2 255.255.255.0
RouterC_config_f0/0#no shutdown
RouterC_config_f0/0#exit

RouterC_config#interface fastethernet 0/1
RouterC_config_f0/0#ip address 192.168.50.2 255.255.255.0
RouterC_config_f0/0#no shutdown
RouterC_config_f0/0#exit

RouterC_config#interface serial 1/0
RouterC_config_s0/1#ip address 200.200.10.1 255.255.255.0
RouterC_config_s0/1#no shutdown
RouterC_config_s0/1#exit
```

RouterD。

```
RouterD_config#interface serial 1/0
RouterD_config_s0/1#ip address 200.200.10.2 255.255.255.0
RouterD_config_s0/1#no shutdown
RouterD_config_s0/1#exit
```

第二步：查看 RouterA 的路由表。

```
RouterA_config#show ip route
Codes: C - connected, S - static, R - RIP, B - BGP
       D - DEIGRP, DEX - external DEIGRP, O - OSPF, OIA - OSPF inter area
       ON1 - OSPF NSSA external type 1, ON2 - OSPF NSSA external type 2
       OE1 - OSPF external type 1, OE2 - OSPF external type 2

C      192.168.10.0/24        is directly connected,    FastEthernet0/0
C      192.168.20.0/24        is directly connected,    FastEthernet0/1
C      192.168.50.0/24        is directly connected,    FastEthernet0/2
```

第三步：查看 RouterB 的路由表（只有直连路由）。

第四步：查看 RouterC 的路由表（只有直连路由）。

第五步：分别配置 A、B、C 动态路由。

```
RouterA_config#router rip
RouterA_config_rip#network 192.168.10.0
RouterA_config_rip#network 192.168.20.0
RouterA_config_rip#network 192.168.50.0
RouterA_config_rip#^Z

RouterB_config#router rip
RouterB_config_rip#network 192.168.20.0
RouterB_config_rip#network 192.168.30.0
RouterB_config_rip#network 192.168.40.0
RouterB_config_rip#^Z

RouterC_config#router rip
RouterC_config_rip#network 192.168.40.0
RouterC_config_rip#network 192.168.50.0
RouterC_config_rip#^Z
```

第六步：分别查看 A、B、C 的路由。

```
RouterA_config#show ip route
Codes: C - connected, S - static, R - RIP, B - BGP
       D - DEIGRP, DEX - external DEIGRP, O - OSPF, OIA - OSPF inter area
       ON1 - OSPF NSSA external type 1, ON2 - OSPF NSSA external type 2
       OE1 - OSPF external type 1, OE2 - OSPF external type 2
R      192.168.30.0/24        [120,1] via 192.168.20.1(on FastEthernet0/1)
R      192.168.40.0/24        [240,1] via 192.168.20.1(on FastEthernet0/1)
C      192.168.10.0/24        is directly connected,    FastEthernet0/0
C      192.168.20.0/24        is directly connected,    FastEthernet0/1
C      192.168.50.0/24        is directly connected,    FastEthernet0/2

RouterB_config#show ip route
Codes: C - connected, S - static, R - RIP, B - BGP
```

```
          D - DEIGRP, DEX - external DEIGRP, O - OSPF, OIA - OSPF inter area
          ON1 - OSPF NSSA external type 1, ON2 - OSPF NSSA external type 2
          OE1 - OSPF external type 1, OE2 - OSPF external type 2
R      192.168.10.0/24        [120,1] via 192.168.20.2(on FastEthernet0/1)
R      192.168.50.0/24        [240,1] via 192.168.20.2(on FastEthernet0/1)
C      192.168.20.0/24     is directly connected,    FastEthernet0/1
C      192.168.30.0/24     is directly connected,    FastEthernet0/0
C      192.168.40.0/24     is directly connected,    FastEthernet0/2

RouterC_config#show ip route
Codes: C - connected, S - static, R - RIP, B - BGP
          D - DEIGRP, DEX - external DEIGRP, O - OSPF, OIA - OSPF inter area
          ON1 - OSPF NSSA external type 1, ON2 - OSPF NSSA external type 2
          OE1 - OSPF external type 1, OE2 - OSPF external type 2
R      192.168.10.0/24        [120,1] via 192.168.50.2(on FastEthernet0/1)
R      192.168.30.0/24        [120,1] via 192.168.40.2(on FastEthernet0/0)
R      192.168.20.0/24        [240,1] via 192.168.50.2(on FastEthernet0/1)
C      192.168.40.0/24     is directly connected,    FastEthernet0/0
C      192.168.50.0/24     is directly connected,    FastEthernet0/1
```

任务 2   配置信息中心路由器 PPP 协议

实训目的

- 掌握串口 PPP 封装配置。
- 理解并能熟练使用 PAP 和 CHAP 两种验证方式。

实训环境

- 安装 Packet Tracer 思科网络设备模拟器的机房或在实际路由器环境中进行配置（要求：路由器两台，通过串口相连）。

操作步骤

第一步：配置路由器 C 点到点协议。

```
RouterC_config#interface s1/0                                          //进入接口模式
RouterC_config_s1/0#ip address 200.200.10.1 255.255.255.0             //配置 IP 地址
RouterC_config_s1/1#enca psulation PPP                                //封装 PPP 协议
RouterC_config_s1/1#PPP authentication chap                          //指定验证方式 CHAP
RouterC_config_s1/1#PPP chap hostname RouterD                        //配置 CHAP 验证的主机名
RouterC_config_s1/1#username RouterD password 0 pas123               //建立本地密码数据库
RouterC_config_s1/0#no shutdown
RouterC_config_s1/0#^Z                                                //按 Ctrl+Z 进入特权模式
```

第二步：配置路由器 D 点到点协议。

```
RouterD_config#interface s1/0                                         //进入接口模式
RouterD_config_s1/0#ip address 200.200.10.2   255.255.255.0          //配置 IP 地址
```

```
RouterD_config_s1/1#enca psulation PPP                    //封装 PPP 协议
RouterD_config_s1/1#PPP authentication chap               //指定验证方式 CHAP
RouterD_config_s1/1#PPP chap hostname RouterC             //配置 CHAP 验证的主机名
RouterD_config_s1/1#username RouterC password 0 pas123    //建立本地密码数据库
RouterD_config_s1/0#physical-layer speed 64000            //配置 DCE 时钟频率
RouterD_config_s1/0#no shutdown
RouterD_config_s1/0#^Z                                    //按 Ctrl+Z 进入特权模式
```

说明：①在实验室环境下，通常选择一台路由器作为 DCE 模拟真实广域网中的时钟信号，因此在连接 DCE 电缆的路由器接口上需要使用命令配置时钟信号，如 RouterD 的配置命令 physical-layer speed 64 000，其中后面的数据表示时钟频率，在实际应用中也等于传输速率的值，单位为 bps。②若在思科模拟器上操作，要使用思科路由器命令，格式稍微不同。

第三步：测试连通性。

```
RouterD#ping 200.200.10.1
PING 200.200.10.1 (200.200.10.1): 56 data bytes
!!!!!
--- 200.200.10.1 ping statistics ---
5 packets transmitted, 5 pack ets received, 0% packet loss
round-trip min/avg/max = 20/22/30 ms
```

8.4 关联拓展

结构化综合布线系统

1. 结构化综合布线系统的概念

结构化综合布线系统指在建筑物或楼宇内安装的传输线路，是一个用于语音、数据、影像和其他信息技术的标准结构化综合布线系统，以使语音和数据通信设备、交换设备和其他信息管理系统彼此相连，并使这些设备与外部通信网络连接。

2. 结构化综合布线系统标准

目前，已出台的结构化综合布线系统及其产品、线缆、测试国际标准主要有：

（1）EIA/TIA 568 商用建筑物布线标准。

（2）ISO/IEC 11801 国际标准。

（3）EIA/TIA TSB 67 非屏蔽双绞线系统传输性能验收规范。

（4）欧洲标准包括 EN6、50168、50169，它们分别为水平配置电缆、跳线、终端连接电缆及垂直配线电缆标准。

其中，由美国电子工业协会/电信工业协会共同提出的 EIA/TIA 568 商用建筑物布线标准应用广泛，它将所有语音信号、数字信号、视频信号及监控系统的配线，经过统一规划设计，综合在一套标准系统内。这种综合系统能够提供电信服务、通信网络服务、安全报警服务和监控管理服务。

国内标准主要有：

（1）1995年3月，由中国工程建设标准化协会批准的《建筑与建筑群综合布线系统工程设计规范》。

（2）1997年9月，原信息产业部发布的《中华人民共和国通信行业标准－大楼通信结构化布线系统》。

结构化综合布线系统比传统布线系统更具灵活性，在各种设备位置改变、局域网结构变化时，不需要重新进行布线，只在配线间做适当的布线调整就可满足不同用户的需要。

3．结构化综合布线系统结构

结构化综合布线系统结构采用模块化设计和分层星状拓扑结构，具体可以划分成6个独立的子系统，如图8-5所示。

（1）工作区子系统：由终端设备到信息插座的连接（软线）组成。

（2）水平干线子系统：将电缆从楼层配线架连接到各用户工作区的信息插座上，结构一般为星状拓扑结构。

（3）垂直干线子系统：将主配线架与各楼层配线架系统连接起来。

（4）管理子系统：将垂直电缆线与各楼层水平布线子系统连接起来。

（5）设备子系统：将各种公共设备等与主配线架连接起来。

（6）建筑群主干线子系统：将一个建筑物中的电缆延伸到另一个建筑物的通信设备和装置中。

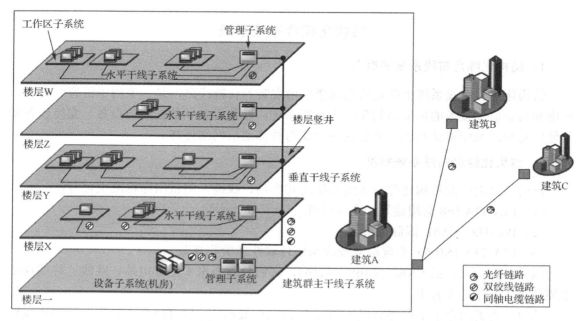

图8-5　结构化综合布线系统结构

8.5 巩固提高

1. 术语搭配（连线）

DTE　　　　挑战握手验证协议
DCE　　　　Internet 服务提供商
CHAP　　　路由信息协议
PAP　　　　密码验证协议
ISP　　　　数据终端设备
RIP　　　　数据通信设备

2. 简答题

（1）请将任务 1 更改为静态路由并测试连通性。

（2）简述 CHAP 的三次握手过程。

（3）简述 PPP 链路的建立过程。

（4）结构化综合布线系统包含哪些子系统？

第四部分
网络服务器的安装与配置

项目 9 网络操作系统的安装与基本操作

在完成本项目后，你将能够：

● 了解网络操作系统的特点。

● 重点掌握网络协议的安装和各种网络服务的配置。

● 在虚拟机上安装网络操作系统，并在虚拟机中完成文件共享等网络服务。

9.1 体验感知

【体验】 在网络上查找教师机共享的文件。

1. 方法一：在"开始"菜单中，单击"开始"→"运行"按钮，然后在"打开"文本框中输入" \\<教师机的名称>"或直接在地址栏中输入教师机的 IP 地址，就可以找到教师机共享的文件了，如图 9-1 所示。

2. 方法二：单击"开始"按钮，然后单击"网上邻居"找到教师机，双击后就可以找到教师机共享的文件了，如图 9-2 所示。

图 9-1　访问共享文件（1）　　　　　　　　图 9-2　访问共享文件（2）

9.2 提 出 问 题

什么是网络操作系统？

网络操作系统有哪些？

Windows 网络操作系统的发展。

Windows Server 2008 有什么特点？

9.3 探 究 学 习

9.3.1 相关知识

1. 网络操作系统概述

网络操作系统，是一种能代替操作系统的软件程序，是网络的心脏和灵魂，是向计算机提供服务的特殊操作系统。网络操作系统的英文缩写为 NOS（Network Operation System）。NOS 的服务器版本主要功能是管理服务器和网络上的各种资源和网络设备的共用，加以统合并控管流量，避免有瘫痪的可能，而客户端版本具有接收服务器传递的数据并进行运用的功能。

网络操作系统与运行在工作站上的单机操作系统（如 Windows XP/7/10 系列）相比，由于提供的服务类型不同而有差别。一般情况下，NOS 以使网络相关特性达到最佳为目的，如共享数据文件、软件应用，以及共享硬盘、打印机、调制解调器、扫描仪和传真机等。

网络操作系统还负责管理 LAN 用户和 LAN 打印机之间的连接。NOS 跟踪每一个可供使用的打印机，以及每个用户的打印请求，并对如何满足这些请求进行管理。

2. 常见的网络操作系统

（1）Windows 类。

对于这类操作系统，相信我们都不陌生，它是由全球最大的软件开发商——Microsoft（微软）公司开发的。微软公司的 Windows 操作系统不仅在个人操作系统中占有绝对优势，在网络操作系统中也具有一定地位。这类操作系统配置在整个局域网配置中是最常见的。

由于它对服务器的硬件要求较高，但稳定性不是很好，所以微软的网络操作系统一般只用在中低档服务器中，高端服务器通常采用 UNIX、Linux 或 Solaris 等非 Windows 操作系统。在局域网中，微软的网络操作系统主要有 Windows NT 4.0 Server、Windows 2003 Server/Advance Server，以及较新的 Windows 2008 Server/ Advance Server 等，工作站系统可以采用任一 Windows 或非 Windows 操作系统，包括个人操作系统，如 Windows 7/10 等。

在网络操作系统中，Windows Server 是 Windows Server System（WSS）的核心，也是 Windows 的服务器操作系统。本教材主要介绍 Windows Server 2008，它是微软开发的一个服务器操作系统的名称，继承自 Windows Server 2003 R2。

（2）NetWare 类。

NetWare 操作系统虽然不如早几年那么风光，在局域网中失去了当年雄霸一方的地位，但 NetWare 操作系统仍因对网络硬件的要求较低（工作站只是 Intel 80286 主机就可以了）而受到一些设备比较落后的中、小型企业，特别是学校的青睐。它兼容 DOS 命令，应用环境与 DOS 相似，经过长时间的发展，具有相当丰富的应用软件支持，技术完善、可靠。目前常用的版本有 3.11、3.12 和 4.10、4.11、5.0 等中英文版本，NetWare 服务器对无盘站和游戏的支持较好，常用于网络教学和网络游戏中。目前这种操作系统的市场占有率呈下降趋势，其市场主要被 Windows 和 Linux 操作系统瓜分。

（3）UNIX 操作系统。

UNIX 操作系统支持网络文件系统服务，提供数据等应用，功能强大，由 AT&T 和 SCO 公司推出目前常用的 UNIX 操作系统版本主要有 UNIX SUR4.0、HPUX11.0、SUN 的 Solaris8.0 等。这种网络操作系统稳定性和安全性非常好，但由于其大多以命令方式进行操作，不容易被掌握，特别是初级用户。正因如此，小型局域网基本不使用 UNIX 作为网络操作系统，UNIX 一般用于大型的网站或大型的企业局域网中。UNIX 因其良好的网络管理功能被广大网络用户接受，但由于 UNIX 是针对小型机主机环境开发的操作系统，这种集中式分时多用户体系结构不够合理，目前的市场占有率呈下降趋势。

（4）Linux 操作系统。

这是一种新型的网络操作系统，它最大的特点是源代码开放，可以免费得到许多应用程序。目前也有中文版本，如 REDHAT（红帽子），红旗 Linux 等。它在安全性和稳定性方面得到了国内用户充分的肯定。它与 UNIX 有许多类似之处，但这类操作系统目前仍主要应用于中、高档服务器中。

9.3.2　实践活动

任务 1　安装 Windows Server 2008 操作系统

实训目的

● 学会安装 Windows Server 2008 操作系统。

实训环境

● Windows 操作系统机房。

● 安装光盘。

操作步骤

我们讲述不通过 Smart Start CD 引导，如何使用手动方式安装 Windows Server 2008。

第一步：在开始安装前先在自检的过程中按 F9 键，进入 BIOS，然后选 Standard Boot Order（IPL），将光驱调至第一位，确保从光驱引导启动；进入 Boot Controller Order，将

Smart ArrayXXX Controller 调至第一位然后使用操作系统光盘引导，开始系统安装，在 BIOS 中设置为光盘启动，待自检出现如下画面，按任意键从光盘启动，如图 9-3 所示。

图 9-3　光盘启动

第二步：进入系统安装画面，直接按回车键，如图 9-4 所示。

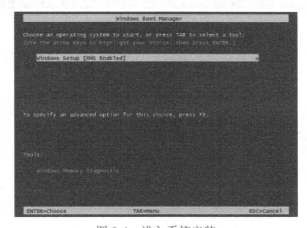

图 9-4　进入系统安装

第三步：开始进行系统安装，图 9-5 提示语的中文含义为"Windows 正在读取文件"。

图 9-5　Windows 正在读取文件

第四步：正在启动安装程序，加载 boot.wim，启动 PE 环境，这个过程大概需要几分钟，如图 9-6 所示。

图 9-6　启动安装程序

第五步：安装程序启动，选择要安装的语言类型，同时选择适合自己的时间和货币显示种类及键盘和输入方式，单击"下一步"按钮，如图 9-7 所示。

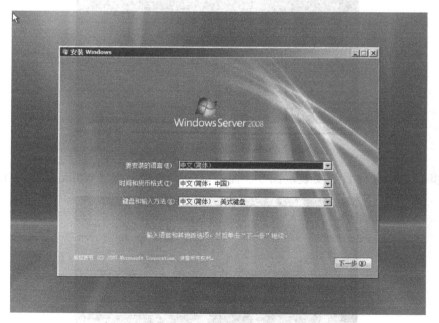

图 9-7　语言、时间和键盘输入方法设定

第六步：单击"现在安装"按钮，开始安装，如图 9-8 所示。

第七步：在图 9-9 的图示中，输入"产品密钥"，同时勾选"联机时自动激活 Windows"选项。

第八步：在出现的列表中选择用户所拥有的密钥代表的版本，如图 9-10 所示。

图 9-8　现在安装

图 9-9　输入产品密钥

注意，图 9-10 中显示 Windows Server 2008，共分为两大类（完全安装版和服务器核心安装版）和六个版本（标准版、企业版、数据中心版、Web 版、HPC 版和安腾版）。如果选择完全安装版，同 Windows Server 2003 安装后一样，具备图形化界面，如果选择服务器核心安装版，安装后只具有 cmd 命令行模式，类似 Linux 操作系统没有图形化界面，不安装 GUI 界面。

第九步：选择"我接受许可条款"选项，然后单击"下一步"按钮，如图 9-11 所示。

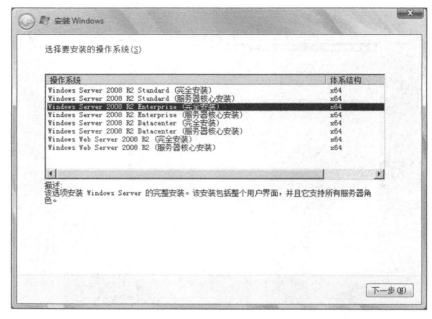

图 9-10   选择版本

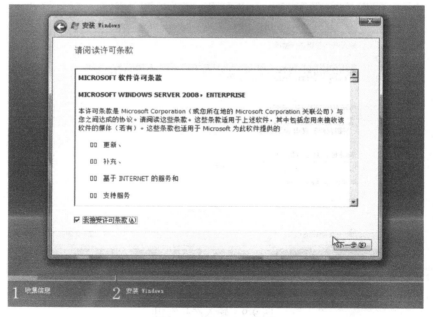

图 9-11   接收许可条款

第十步：选择"自定义（高级）"，进行全新安装，如图 9-12 所示。

第十一步：下面设置安装分区，直接识别硬盘，如图 9-13 所示。安装 Windows Server 2008 需要一个大容量分区，否则安装后分区容量会不足。需要特别注意的是，Windows Server 2008 只能被安装在 NTFS 格式分区下，并且分区剩余空间必须大于 8G。如果使用 SCSI、RAID 或 SAS 硬盘，安装程序将无法识别硬盘。

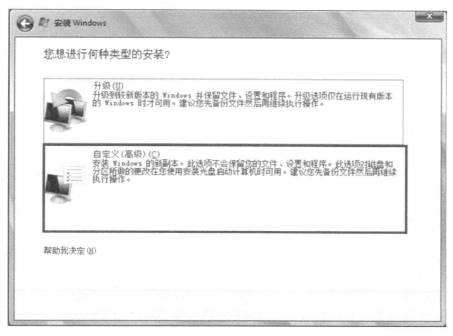

图 9-12　选择自定义安装

图 9-13　识别硬盘

　　第十二步：单击"新建"按钮进行分区，如图 9-14 所示。

　　设置分区的同时，也可以方便地进行磁盘操作，如删除分区、新建分区、格式化分区、扩展分区等，如图 9-15 所示。

图 9-14 选择新建分区

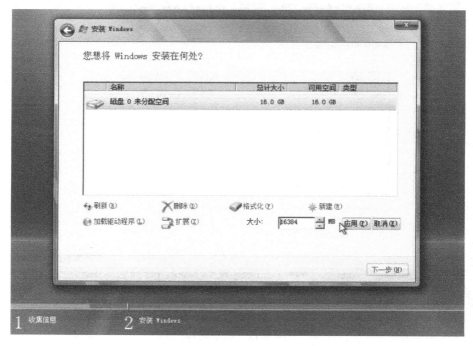

图 9-15 新建分区

第十三步：分区完成后单击"下一步"按钮，如图 9-16 所示。

图 9-16　分区完成

第十四步：下面进行安装，这个过程需要几分钟，如图 9-17 所示。

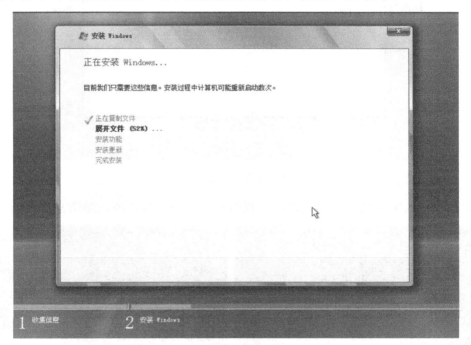

图 9-17　安装过程

第十五步："安装过程"完成后进入安装后的第一次重启阶段，如图 9-18 所示。

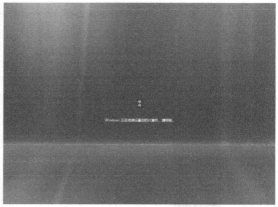

图 9-18 安装后的第一次重启

第十六步：进入"完成安装"阶段，如图 9-19 所示。

图 9-19 完成安装

第十七步：安装完成后第二次重启，我们可以看到系统桌面，如图 9-20 所示。

图 9-20 进入系统桌面

任务 2　安装配置网络协议

实训目的

● 了解网络协议的类型。

● 掌握网络协议的安装方法。

实训环境

● 计算机网络机房。

● 安装有 Windows 操作系统的计算机。

操作步骤

第一步：安装、添加网络组件。

完成操作系统安装后，首先应正确配置服务器网络属性。网络连接可配置的网络组件包括客户端、服务和协议。

我们可以在"初始配置任务"窗口中单击"网络配置"按钮，打开"网络连接"窗口，也可以在"开始"菜单中打开该窗口。"网络连接"窗口中显示当前系统具有的网络连接，如图 9-21 所示。

图 9-21　网络连接界面

右击"本地连接"图标，从弹出的快捷菜单中选择"属性"选项，打开"本地连接属性"对话框，如图 9-22 所示。

图 9-22　本地连接属性

在"此连接使用下列项目"列表框中列出了目前系统中已经安装的网络组件，包括客户端、服务和协议内容，可以通过单击"安装"按钮，打开"选择网络组件类型"对话框，如图9-23所示。选择"协议"选项，单击"添加"按钮，弹出"选择网络协议"对话框，如图9-24所示，窗口中列出了当前操作系统中尚未安装的网络协议，用户可以根据需要选择对应的协议，然后单击"确定"按钮。

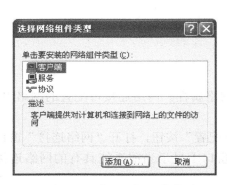

图9-23　选择网络组件类型

图9-24　选择网络协议

第二步：配置IP地址。

（1）右击任务栏右侧通知栏中的"网络"图标，选择"打开网络和共享中心"；右击"本地连接"按钮，在弹出的快捷菜单中选择"属性"选项，打开的对话框如图9-25所示。单击"属性"按钮，在弹出的对话框中选中"Internet协议版本4（TCP/IPv4）"选项，如图9-26所示，再单击"属性"按钮。

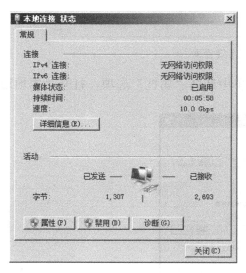

图9-25　本地连接状态

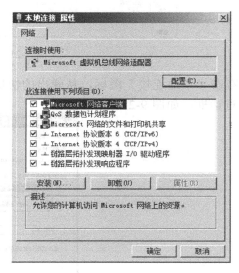

图9-26　TCP/IPv4配置

（2）在弹出的对话框中输入IP地址、子网掩码、默认网关和DNS地址，如图9-27所示，然后单击"确定"按钮，关闭所有窗口。

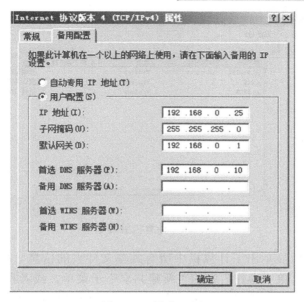

图 9-27 用户配置

任务 3 配置网络服务

实训目的

● 了解网络服务的类型。

● 掌握各种网络服务的配置方法。

实训环境

● 计算机网络机房。

● 安装有 Windows Server 2008 操作系统的计算机。

操作步骤

共享资源是网络中最核心的功能之一。在资源使用的过程中，对于用户来说，不需要知道资源的位置；对于共享资源来说，也不需要知道用户的位置，双方都是透明的，用户只要了解网络中有自己需要的资源，并且有资源的使用权限，即可使用该资源。从这个意义上来说，同一个资源可以被多个用户使用，因此被称为"资源共享"。

第一步：设置共享文件夹。

在 Windows Server 2008 网络中，并非所有用户都可以设置文件夹共享。

首先，具备文件夹共享的用户必须是 Administrator 内置组的成员；其次，如果该文件夹位于 NTFS 分区，该用户必须对被设置的文件夹具备"读取"的 NTFS 权限。

下面介绍几种设置共享文件夹的方法。

方法一——利用"共享文件夹向导"创建共享文件夹。

（1）打开"开始"菜单，选择"控制面板"→"管理工具"→"计算机管理"命令后，打开"计算机管理"窗口，然后单击"共享文件夹"→"共享"子结点，打开如图 9-28 所示窗口。

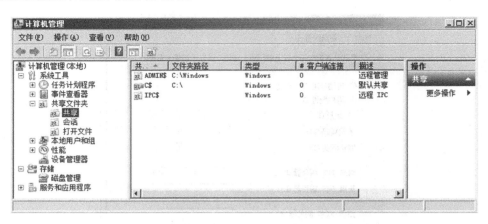

图 9-28　计算机管理窗口

（2）在窗口的右边显示出了计算机中所有共享文件夹的信息。如果要建立新的共享文件夹，可通过选择主菜单"操作"中的"新建共享"子菜单，或者在左侧窗口右击"共享"子结点，选择"新建共享"选项，打开"创建共享文件夹向导"窗口，单击"下一步"按钮，打开如图 9-29 所示对话框，输入要共享的文件夹路径。

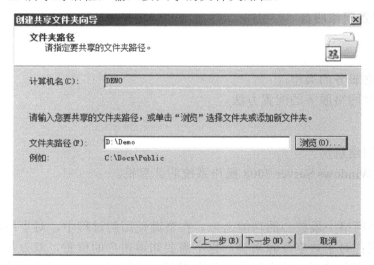

图 9-29　创建共享文件夹

（3）单击"下一步"按钮，打开如图 9-30 所示对话框。输入共享名、共享描述，在共享描述中输入对该资源的描述性信息，方便用户了解其内容。

（4）单击"下一步"按钮，打开如图 9-31 所示对话框，用户可以根据自己的需要或选择"自定义权限"设置网络用户的访问权限。

（5）单击"完成"按钮，即完成共享文件夹的设置。

方法二——在"我的电脑"或"资源管理器"中创建共享文件夹。

在"我的电脑"或"资源管理器"中，选择要设置为共享的文件夹，右击激活快捷菜单，将"共享"菜单项选中后，打开如图 9-32 所示的"文件共享"窗口，在该窗口进行相关的操作。

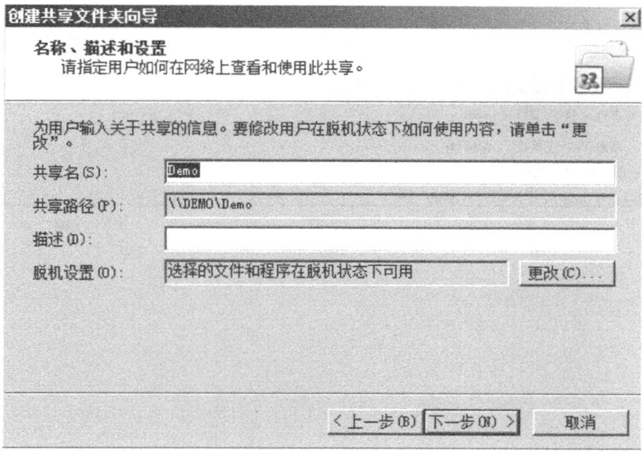

图 9-30　创建共享文件夹

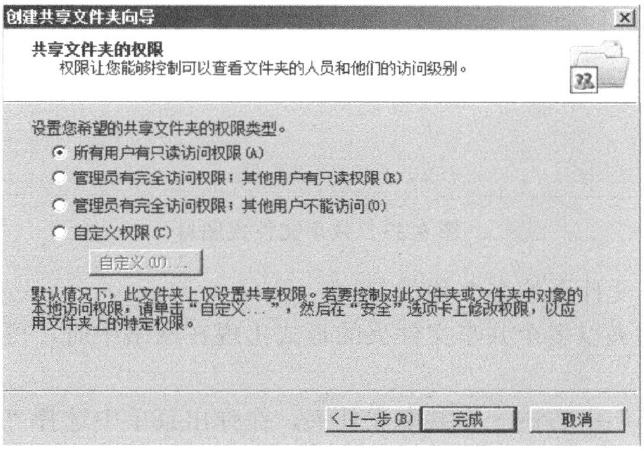

图 9-31　设置共享文件夹权限

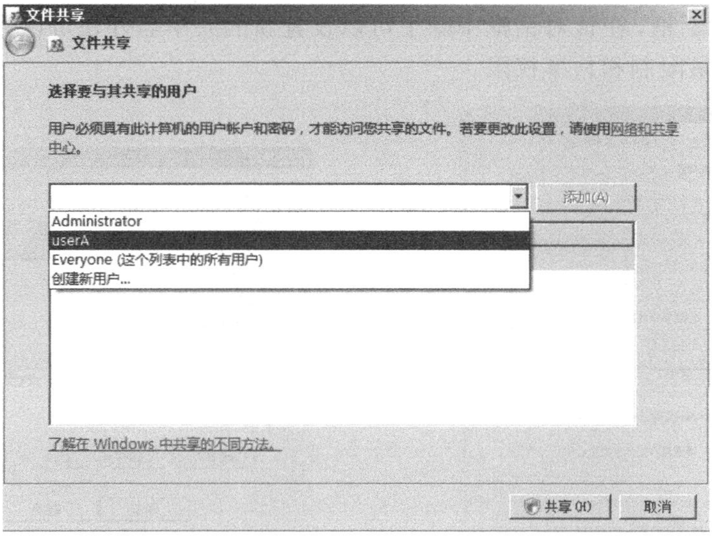

图 9-32　文件夹的共享选项卡

文件夹共享设置完成后，该文件夹图标将被自动添加人形标志，如图 9-33 所示。

图 9-33　共享文件夹图标

方法三——一个文件夹的多个共享。

当需要一个文件夹以多个共享文件夹的形式出现在网络中时，可以为共享文件夹添加共享。

在"资源管理器"中右击一个共享文件夹，在弹出菜单中选择"属性"命令，并在随后出现的对话框中单击"共享"标签，弹出"共享"选项卡，如图 9-34 所示。单击该选项卡中的"高级共享"按钮，出现如图 9-35 所示的"高级共享"对话框，单击"添加"出现如图 9-36 所示对话框，在该对话框中除了可以设置新的共享名外还可以为其设置相应的描述、访问用户数量限制和共享权限。

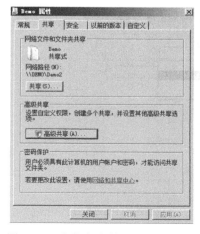

图 9-34　为共享文件夹添加共享名

图 9-35　高级共享设置

设置完成后，单击"确定"按钮回到"高级共享"选项卡，如图 9-37 所示，此时单击"共享名"后的下拉列表可以看到多个"共享名"。选择不同的共享名，可以在下面设置对应该共享名的用户数量限制和访问权限。

图 9-36　新建共享名

图 9-37　同一个文件夹的多个共享

第二步：映射网络驱动器。

用户在网上共享资源时，需要频繁访问网上的某个共享文件夹，可为它设置一个逻辑驱动器号——网络驱动器。

（1）在"网络"窗口中找到需要映射网络驱动器的文件夹。

（2）右击需要经常访问的共享文件夹，从弹出的快捷菜单中选择"映射网络驱动器"选项，如图 9-38 所示。

图 9-38　映射网络驱动器

（3）打开如图 9-39 所示的"映射网络驱动器"窗口后，在"驱动器"下拉列表框中选择一种要显示的驱动器符号。

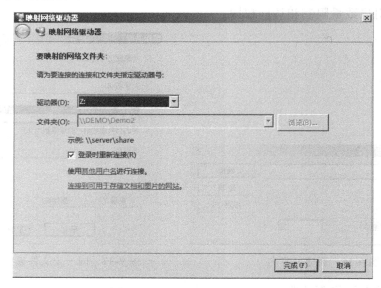

图 9-39　选择网络驱动器符号

（4）单击"完成"按钮，即可映射网络驱动器。被映射的网络驱动器将出现在"Windows 资源管理器"的"我的电脑"中。在"我的电脑"窗口中双击代表共享文件夹的网络驱动器的图标，即可直接访问该驱动器下的文件和文件夹。

（5）需要断开网络驱动器时只需要选择"Windows 资源管理器"中"工具"菜单下的"断开网络驱动器"，然后选取要断开连接的网络驱动器，并单击"确定"按钮即可。

第三步：安装网络打印机。

Windows Server 2008 能让用户通过网络共享打印机和集中管理打印资源，可以很方便地在各种客户端上设置打印机。

使用 Windows Server 2008 中的打印服务，可以在网络上共享打印机，而且可以使用"打印管理"和 Microsoft 管理控制台（MMC）管理单元集中执行打印服务器和网络打印机的管理任务。

打印服务主要包括两个方面的内容：用于打印服务器工具的管理和打印服务角色服务。"打印管理"管理单元可以从计算机上的"管理工具"文件夹中访问。

Windows Server 2008 支持通过不同的操作平台，将打印作业发送给与 Windows Server 2008 打印服务器连接的打印机，或者发送给网络打印机，即通过内部网络适配器、外部网络适配器（打印服务器）或另一台服务器与网络相连的打印机。

1. 安装并打开打印管理

需要安装"打印管理"管理单元，使用下列任一方法可以在运行 Windows Server 2008 的计算机上安装"打印管理"管理单元。

● 在"服务器管理器"中，使用"添加角色向导"安装"打印服务"角色。此操作将安装"打印管理"管理单元并将服务器配置为打印服务器。

● 在"服务器管理器"中，使用"添加功能向导"安装"远程服务器管理工具"功能的"打印服务工具"选项。"打印服务工具"选项将安装"打印管理"管理单元，但是不会将服务器配置为打印服务器。

下面将对第一种方法的安装步骤进行详细说明。

第一步：运行"开始"→"管理工具"→"服务器管理器"命令，在"服务器管理器"窗口中单击"添加角色向导"链接，并选择"打印服务"选项，如图 9-40 所示。

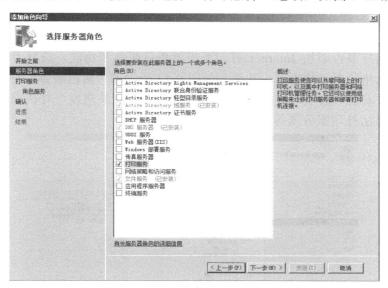

图 9-40　添加打印服务

第二步：单击"下一步"按钮，出现打印服务简介的对话框，如图 9-41 所示。单击"下一步"按钮，显示"选择角色服务"对话框，其中可以选择"打印服务器""LPD 服务""Internet 打印"三个选项，若选择"Internet 打印"选项将弹出如图 9-42 所示对话框。

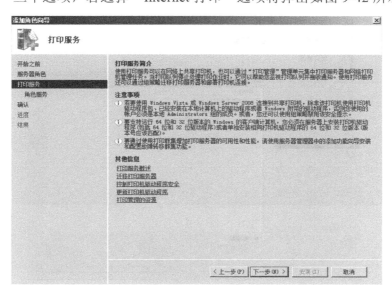

图 9-41　打印服务简介对话框

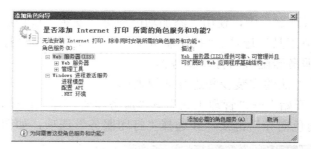

图 9-42　Internet 打印选项

第三步：询问是否添加 Internet 打印所需的角色服务和功能，选择"添加必需的角色服务"可以完成角色服务的添加，并得到如图 9-43 所示的"角色服务"对话框，单击"下一步"并选择"安装"选项，可得到如图 9-44 所示的"安装进度"对话框，经过几秒钟的安装，最后，显示打印服务器等角色安装成功。

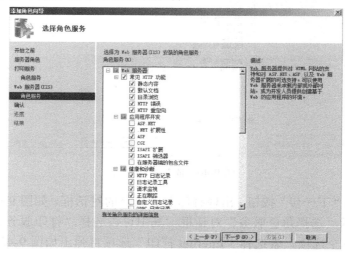

图 9-43　Web 服务器角色服务选项

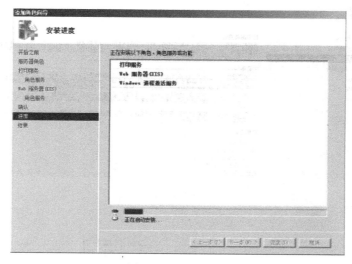

图 9-44　安装进度

安装完成后，可以在"开始"→"管理工具"的菜单中看到"打印管理"选项，如图 9-45 所示。

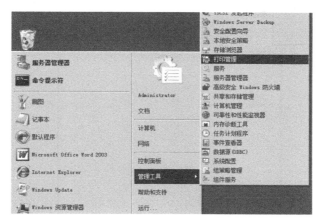

图 9-45　添加打印管理

2．添加和删除打印服务器

（1）添加打印服务器。

当将打印服务器添加到"打印管理"中时，需要执行以下步骤。

第一步：依次选择"开始"→"管理工具"→"打印管理"命令，如图 9-46 所示。

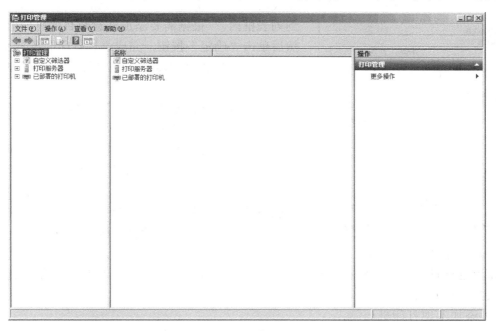

图 9-46　打印管理配置

第二步：在"打印管理"树中，右击"打印管理"选项，然后单击"添加/删除服务器"选项，如图 9-47 所示。

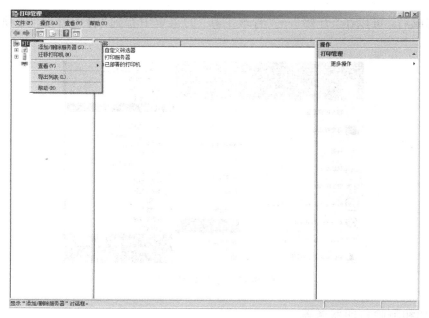

图 9-47　添加/删除服务器

第三步：右击"添加/删除服务器"选项，在如图 9-48 所示对话框中的"指定打印服务器"下方"添加服务器"中执行如下操作：直接在"添加服务器"文本框中键入名称。操作

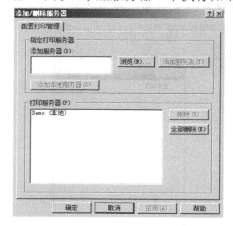

图 9-48　添加/删除打印服务器

完成后，单击"添加到列表"按钮，将打印服务器添加到列表框内。根据需要添加任意数目的打印服务器，然后单击"确定"按钮，完成添加打印服务器操作。

（2）如果将打印服务器从"打印管理"中删除，需要执行以下步骤。

第一步：依次选择"开始"→"管理工具"→"打印管理"命令，如图 9-46 所示。

第二步：在"打印管理"树中，右击"打印管理"，然后单击"添加/删除服务器"，如图 9-47 所示。

第三步：在"添加/删除服务器"对话框中的"打印服务器"下，选中一台或多台服务器，然后单击"删除"按钮，即可完成删除打印服务器操作。

（3）添加打印机。

如果进行打印，需要将打印机直接连接到计算机（称为本地打印机）或创建到网络的连接或共享打印机。

① 添加本地打印机。

添加本地打印机，首先需要将打印机连接到计算机，如果 Windows 无法自动安装打印机，则可以按照以下步骤进行操作。

第一步：依次选择"开始"→"控制面板"→"打印机"命令，打开"打印机"对话框，如图 9-49 所示。

图 9-49　打印机设置

第二步：双击"添加打印机"选项，打开"添加打印机"窗口，如图 9-50 所示，选择"添加本地打印机"选项卡，得到如图 9-51 所示"选择打印机端口"对话框。

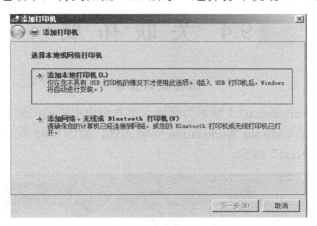

图 9-50　添加打印机

第三步：在"选择打印机端口"对话框中，选择"使用现有的端口"选项按钮和建议的打印机端口，然后单击"下一步"。

第四步：在"安装打印机驱动程序"对话框中，选择打印机制造商和打印机名称，然后单击"下一步"进行驱动程序的安装。

第五步：完成向导中的其余步骤，然后单击"完成"，结束本地打印机安装。

② 添加网络、无线或 Bluetooth 打印机。

用户在添加这类打印机之前需要知道打印机的名称，可以与打印机管理者联系来获取打印机的名称，然后进行如下步骤的操作。

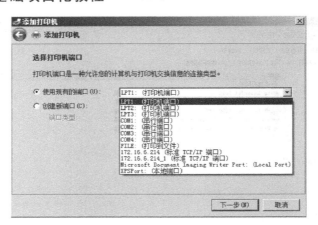

图 9-51　选择打印机端口

第一步：依次选择"开始"→"控制面板"→"打印机"命令，打开"打印机"对话框，如图 9-49 所示。

第二步：双击"添加打印机"选项，打开"添加打印机"窗口，如图 9-50 所示，选择"添加网络、无线或 Bluetooth 打印机"选项卡。

第三步：在可用打印机列表中，选择要使用的打印机，然后单击"下一步"按钮，如果出现提示，则将该打印机的驱动程序安装到计算机，完成向导中的其余步骤，然后单击"完成"按钮，结束网络打印机的安装。

 9.4　关　联　拓　展

虚拟机的安装

本节以 VMware Workstation7.1 版本为例给大家介绍虚拟机的安装。

第一步：首先运行 VMware Workstation 安装文件，如图 9-52 所示；弹出安装向导，如图 9-53 所示，单击"Next"按钮。

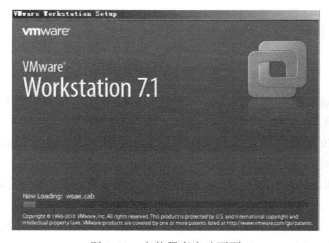

图 9-52　安装程序启动画面

图 9-53 安装向导

第二步：选择 Typical（典型）安装，如图 9-54 所示，单击"Next"按钮。

图 9-54 典型安装

第三步：默认的安装目录为"C:\Program Files\VMware Workstation\"，如图 9-55 所示（也可以通过"Change"按钮重新选择安装目录），然后单击"Next"按钮。

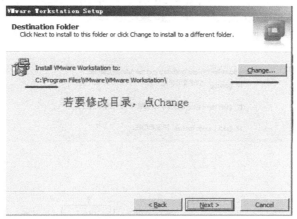

图 9-55 安装目录

第四步：升级服务可以自愿选择，如图 9-56 所示；根据个人需要，决定是否选择用户体验改善计划，这里先不选择，如图 9-57 所示。

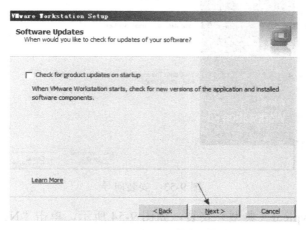

图 9-56　启运检测升级

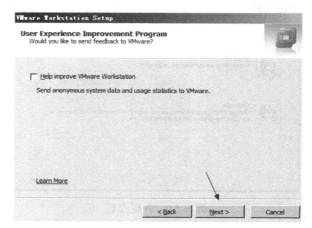

图 9-57　用户体验改善计划

第五步：选择快速运行方式，如图 9-58 所示，单击"Next"按钮。

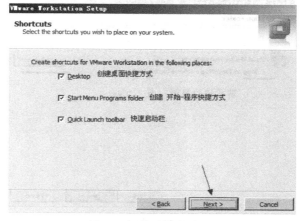

图 9-58　快速运行方式

第六步：如图 9-59 所示，单击“Continue”按钮开始执行安装，出现如图 9-60 所示的界面后，等待几分钟。

VMware Workstation Setup
Ready to Perform the Requested Operations
Click Continue to begin the process.
If you want to review or change any of your installation settings, click Back. Click Cancel to exit the wizard.
< Back
Continue
Cancel

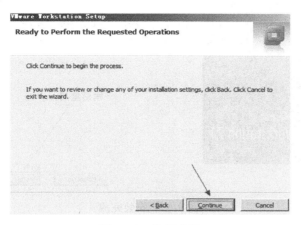

图 9-59　执行安装

VMware Workstation Setup
Performing the Requested Operations
Please wait while the wizard performs the requested operation. This may take several minutes.
Status: Installing packages on the system
Preparing list of required operations
< Back
Next >
Cancel

图 9-60　安装进度

第七步：输入注册序列号，如图 9-61 所示。最后完成虚拟机的安装，如图 9-62 所示。

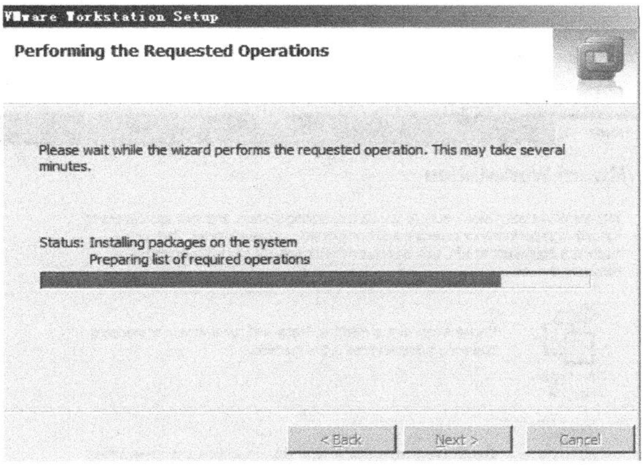

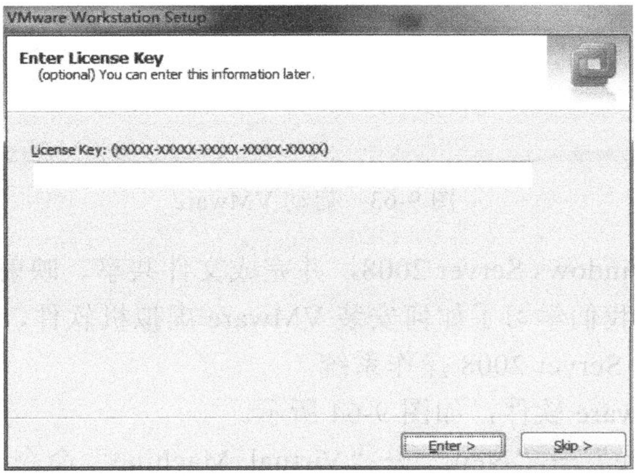

VMware Workstation Setup
Enter License Key
(optional) You can enter this information later.
License Key: (XXXXX-XXXXX-XXXXX-XXXXX-XXXXX)
Enter >
Skip >

图 9-61　序列号

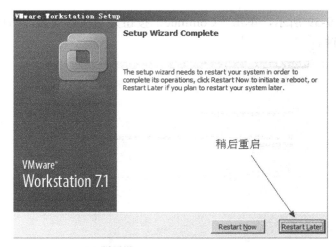

图 9-62　安装完成

第八步：启动 VMware 虚拟机软件，如图 9-63 所示。

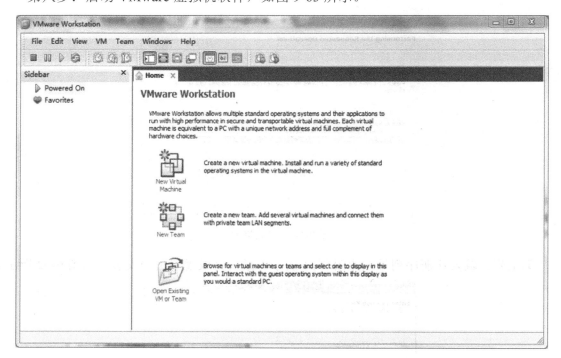

图 9-63　启动 VMware

在虚拟机上安装 Windows Server 2008，并完成文件共享、映射网络驱动器等任务。

在前面的讲述中，我们学习了如何安装 VMware 虚拟机软件，现在给大家介绍如何在虚拟机中安装 Windows Server 2008 操作系统。

第一步：打开 VMware 软件，如图 9-64 所示。

第二步：单击"File"→"New"→"Virtual Machine"命令新建虚拟机，如图 9-65 所示。

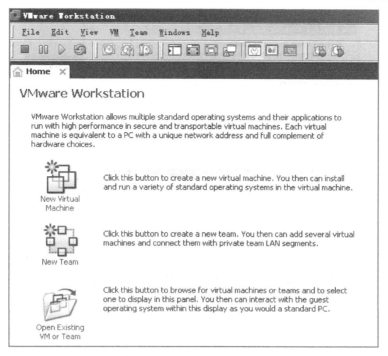

图 9-64 打开 VMware 软件

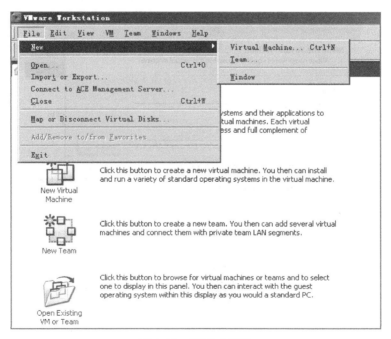

图 9-65 新建虚拟机

第三步：选择需要安装的相应操作系统，这里选择 Windows Server 2008，如图 9-66 所示。

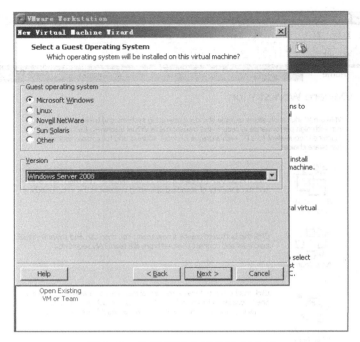

图 9-66　选择需要安装的操作系统

第四步：单击"Browse"按钮给虚拟机选择安装地址，如图 9-67 所示。

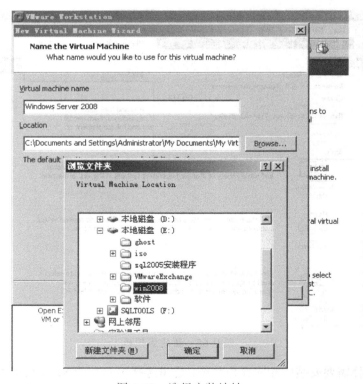

图 9-67　选择安装地址

第五步：选择安装系统的镜像文件，如图 9-68 所示。

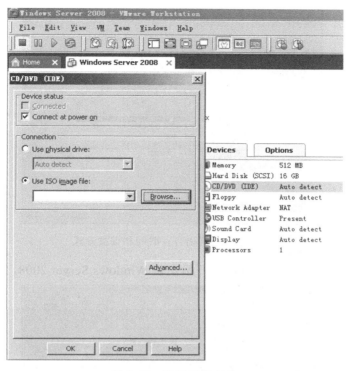

图 9-68 选择镜像文件

第六步：配置完成后单击"启动"按钮，如图 9-69 所示。

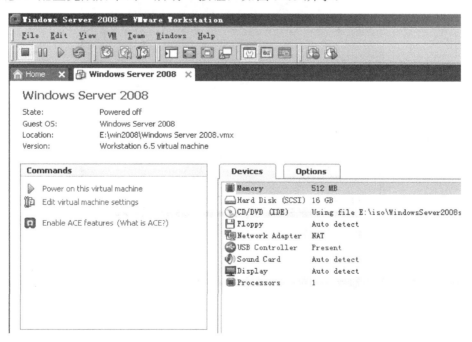

图 9-69 启动操作系统安装

第七步：进入图形安装界面后设置语言、时间和键盘方式，如图 9-70 所示。

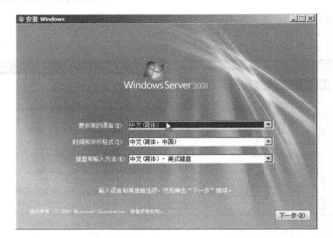

图 9-70　设置语言、时间和键盘方式

第八步：单击"现在安装"按钮，开始安装 Windows Server 2008，如图 9-71 所示。

图 9-71　开始安装

第九步：选择相应的版本，如图 9-72 所示。

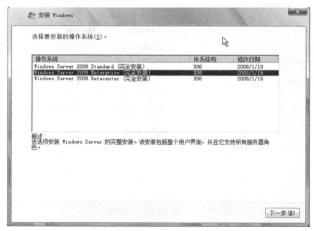

图 9-72　选择版本

第十步：接受许可条款后单击"下一步"按钮继续安装，如图 9-73 所示。

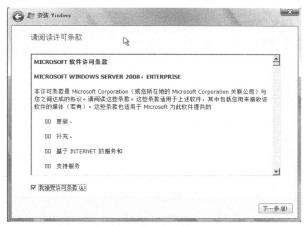

图 9-73 接受许可条款

第十一步：选择"自定义（高级）"选项进行安装，如图 9-74 所示。

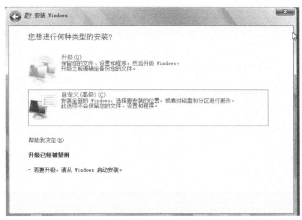

图 9-74 选择自定义安装

第十二步：单击"驱动器选项（高级）"开始给磁盘分区，如图 9-75 所示。

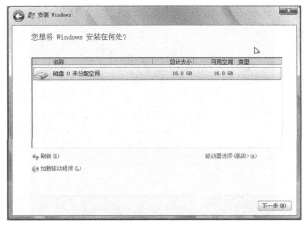

图 9-75 磁盘分区

第十三步：分区完成后单击"下一步"按钮继续，如图 9-76 所示。

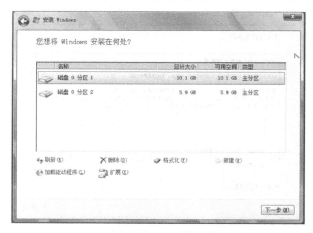

图 9-76　分区完成

第十四步：安装中，大约需要等待 30 分钟，如图 9-77 所示。

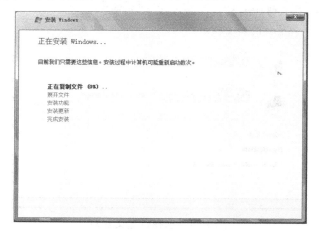

图 9-77　安装等待

第十五步：首次登录需要更改登录密码，如图 9-78 所示。

图 9-78　更改登录密码

第十六步：输入密码即可进入操作系统界面了，如图 9-79 所示。在操作系统中进行共享文件、映射网络驱动器等操作与在真实操作系统中的操作是一样的，这里不再赘述。

图 9-79　登录界面

9.5　巩固提高

1．在 Windows Server 2008 支持的文件系统格式中，能够支持文件权限的设置、文件压缩、文件加密和磁盘配额等功能的文件系统为（　　　）。

  A．FAT16　　　　　　　　B．FAT32　　　　　　C．NTFS　　　　　　D．HPFS

2．在局域网中设置某台机器的 IP，该局域网的所有机器都属于同一个网段，如果希望该机器能够与其他机器通信，至少应该设置哪些 TCP/IP 参数（　　　）。

  A．IP 地址　　　　　　　　　　　　B．子网掩码

  C．默认网关　　　　　　　　　　　D．首选 DNS 服务器——外网

3．在安装 Windows Server 2008 的过程中显示器突然蓝屏，最可能是以下（　　　）原因导致的。

   A．硬盘空间不足　　B．版本差异　　　C．用户权限不够　　D．硬件兼容性

4．有一台服务器的操作系统是 Windows Server 2003，文件系统是 NTFS，无任何分区，现要求对该服务器进行 Windows Server 2008 的安装，保留原数据，但不保留操作系统，应使用下列（　　　）种方法安装才能满足要求。

  A．在安装过程中进行全新安装并格式化磁盘

  B．对原操作系统进行升级安装，不格式化磁盘

  C．做成双引导，不格式化磁盘

  D．重新分区并进行全新安装

5．下面（　　　）密码最能满足密码安全策略要求。

  A．20100721　　　　B．microsoft　　　　C．hao123　　　　　D．Ycserver008

项目  搭建网络服务器

在完成本项目后，你将能够：

● 了解网络通信的模式。
● 了解网络服务的类型。
● 掌握各种网络服务的工作原理。
● 掌握各类网络服务器的配置与管理。
● 掌握网络服务器的维护方法。

10.1 体验感知

【体验】 登录 WWW 服务器。

1. 登录百度主页

在地址栏中输入"http://www.baidu.com"，页面中会出现百度的主页，如图 10-1 所示，这个过程其实就是登录百度的 WWW 服务器。用户在地址栏中输入网址，是向服务器提出浏览页面的请求。在浏览器中看见百度的主页，是百度 WWW 服务器提供给用户的服务。

图 10-1　登录百度 WWW 服务器

2. 登录学校主页

在地址栏中输入"http://www.dlvtc.edu.cn",在浏览器中出现学校的主页,如图 10-2 所示,原理同上。

图 10-2 登录学校 WWW 服务器

10.2 提 出 问 题

什么是 WWW 服务器?有什么作用?

登录网页时访问的是什么服务器?

除了 WWW 服务器外,还有其他服务器吗?

10.3 探 究 学 习

10.3.1 相关知识

1. 网络通信模式

(1)对等(P2P)通信模式。

对等(Peer-to-Peer,P2P)连接是指两个主机在通信时并不区分哪一个是服务请求方哪一个是服务提供方。只要两个主机都运行了对等连接软件,它们就可以进行平等的对等通信。对等网是一种投资少、见效快、性价比高的实用型小型网络系统。

(2)客户机-服务器(C/S)通信模式。

客户机-服务器(Client/Server,C/S)通信模式也叫 C/S 模型,它是在分散式、集中式及分布式的基础上发展起来的一种新模型。C/S 模型将一个网络事务处理分为两部分,一部分为客户机(Client),它为用户提供网络请求服务接口;另一部分是服务器(Server),

它负责接收客户机对服务的请求，并将这些服务透明地提供给用户。

（3）浏览器-服务器（B/S）通信模式。

浏览器-服务器（Browse/Server，B/S）通信模式也叫 B/S 模型，它是一种基于 Web 的通信模型，使用超文本传输协议（Hypertext Transfer Protocol，HTTP）通信。

（4）分布式计算通信模式。

分布式系统是分散式系统和集中式系统的混合，它由多个独立计算机连接组成。相应的数据也分布在不同计算机上，不会出现因一台计算机故障而无法使用的情况，更安全可靠，而且可以为不同的用户设置个性化服务。

2．域名系统

域名服务系统（Domain Name System，DNS）是 Internet 上用得最频繁的服务之一，它是一个树状层次结构的分布式数据库，提供网络域名服务。人们可以通过它将域名解析为 IP 地址，从而通过简单好记的域名代替枯燥难记的 IP 地址。

DNS 是一个分布式数据库，它在本地负责控制整个分布式数据库的部分段，每段数据通过客户服务器模式在整个网络上均可存取，通过采用复制技术和缓存技术获得可靠性数据库。下面介绍一下 DNS 的工作原理及 DNS 协议的有关情况。

（1）名称解析方法。

网络中为了区别各个主机，必须为每台主机分配一个唯一的地址，这个地址即称为"IP 地址"。但这些数字难以记忆，所以采用"域名"的方式取代这些数字。不过最终还必须将域名转换为对应的 IP 地址才能访问主机，因此需要一种将主机名转换为 IP 地址的机制。在常见的计算机系统中，可以使用 3 种技术实现主机名和 IP 地址之间的转换：host 表、网络信息服务系统（NIS）和域名服务系统（DNS）。

① host 表。

host 表是简单的文本文件，文件名一般是 hosts，其中存放了主机名和 IP 地址的映射关系。计算机通过在该文件中搜索相应的条目来匹配主机名和 IP 地址。hosts 文件中的每一行就是一个条目，包含一个 IP 地址及与该 IP 地址相关联的主机名。如果希望在网络中加入、删除主机名或重新分配 IP 地址，管理员所要做的就是增加、删除或修改 hosts 文件中的条目，但是要更新网络中每一台计算机上的 hosts 文件。

在 Internet 规模非常小的时候，这个集中管理的文件可以通过 FTP 协议发布到各个主机，每个 Internet 站点可以定期地更新 hosts 文件的副本，并且发布主机文件的更新版本来反映网络的变化。但是，当 Internet 上的计算机迅速增加时，通过一个中心授权机构为所有 Internet 主机管理一个 hosts 文件的工作将无法进行。文件会随着时间的推移而增大，这样维持当前更新 hosts 文件的形式将变得非常困难。

虽然 host 表目前不再广泛使用，但大部分的操作系统依旧保留。

② NIS。

将主机名转换为 IP 地址的另一种方案是网络信息服务系统（Network Information System，NIS），它是由 Sun Microsystems 开发的一种命名系统。NIS 将主机表替换成主机数据库，客户机可以从数据库中得到所需要的主机信息。然而，因为 NIS 将所有的主机数据都保存在中央主机上，再由中央主机将所有数据分配给所有的客户机，以至于将主机名转换为 IP 时的效率很低。因为在 Internet 迅猛发展的今天,没有一种办法可以用一张简单的表或一个数据库为如此众多的主机提供服务。因此,NIS 一般只用在中型以下的网络中。

NIS 还有一种扩展版本,称为 NIS+,提供了 NIS 主计算机和从计算机间的身份验证和数据交换加密功能。

③ DNS。

DNS 是一种新的主机名和 IP 地址转换机制,它使用一种分层的分布式数据库来处理 Internet 上众多的主机和 IP 地址转换。也就是说,网络中没有存放全部 Internet 主机信息的中心数据库,这些信息分布在一个层次结构中的若干台域名服务器上。DNS 是基于客户机-服务器模型设计的。本质上,整个域名系统以一个大的分布式数据库方式工作。具有 Internet 连接的企业网络都可以有一个域名服务器,每个域名服务器包含指向其他域名服务器的信息,这些服务器形成了一个大的协调工作的域名数据库系统。

(2)DNS 组成。

每当一个应用需要将域名翻译成 IP 地址时,这个应用便成为域名系统的一个客户。这个客户将待翻译的域名放在一个 DNS 请求信息中,并将这个请求发给域名空间中的 DNS 服务器。服务器从请求中取出域名,将它翻译为对应的 IP 地址,然后在一个回答信息中将结果返回给应用。如果接到请求的 DNS 服务器自己不能把域名翻译为 IP 地址,将向其他 DNS 服务器查询。整个 DNS 域名系统由以下 3 部分组成。

① DNS 域名空间。

指定用于组织名称的域的层次结构,它如同一棵倒立的树,层次结构非常清晰,如图 10-3 所示。根域位于顶部,紧接着在根域的下面是几个顶级域,每个顶级域又可以进一步划分为不同的二级域,二级域再划分出子域,子域下面可以是主机也可以是再划分的子域,直到最后的主机。在 Internet 中的域是由 InterNIC 负责管理的,域名的服务则由 DNS 来实现。

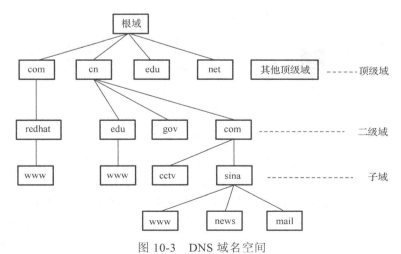

图 10-3 DNS 域名空间

② DNS 服务器。

DNS 服务器是保持和维护域名空间中数据的程序。由于域名服务是分布式的,每一个

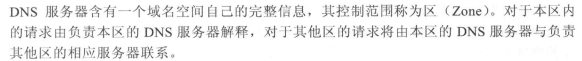

DNS 服务器含有一个域名空间自己的完整信息，其控制范围称为区（Zone）。对于本区内的请求由负责本区的 DNS 服务器解释，对于其他区的请求将由本区的 DNS 服务器与负责其他区的相应服务器联系。

③ 解析器。

解析器是简单的程序或子程序，它从服务器中提取信息以响应对域名空间中主机的查询，用于 DNS 客户端。

（3）DNS 查询的过程。

客户端程序要通过一个主机名称来访问网络中的一台主机时，首先要得到这个主机名称所对应的 IP 地址，因为 IP 数据包中允许放置的是目的主机的 IP 地址，而不是主机名称。可以从本机的 hosts 文件中得到主机名称所对应的 IP 地址，但如果 hosts 文件不能解析该主机名称，只能通过客户机设定的 DNS 服务器进行查询。

在 UNIX 操作系统中，可以设置 hosts 和 DNS 的使用次序。

可以通过不同的方式对 DNS 查询进行解析。第一种是本地解析，就是客户端可以使用缓存信息就地应答，这些缓存信息是通过以前的查询获得的；第二种是直接解析，就是直接由所设定的 DNS 服务器解析，使用的是该 DNS 服务器的资源记录缓存或其权威回答（如果所查询的域名是该服务器管辖的）；第三种是递归查询，即设定的 DNS 服务器代表客户端向其他 DNS 服务器查询，以便完全解析该名称，并将结果返回至客户端；第四种是迭代查询，即设定的 DNS 服务器向客户端返回一个可以解析该域名的其他 DNS 服务器，客户端再继续向其他 DNS 服务器查询。

① 本地解析。

本地解析的过程如图 10-4 所示。客户机平时得到的 DNS 查询记录都保留在 DNS 缓存中，客户机操作系统上都运行着一个 DNS 客户端程序。其他程序提出 DNS 查询请求时，这个查询请求要传输至 DNS 客户端程序。DNS 客户端程序首先使用本地缓存信息进行解析，如果可以解析所要查询的名称，DNS 客户端程序就直接应答该查询，而不需要向 DNS 服务器查询，该 DNS 查询处理过程也就结束了。

DNS客户端　　　　　DNS服务缓存　　　　主机文件

图 10-4　本地解析

② 直接解析。

如果 DNS 客户端程序不能从本地 DNS 缓存回答客户机的 DNS 查询，就向客户机所设定的局部 DNS 服务器发一个查询请求，要求局部 DNS 服务器进行解析，如图 10-5 所示。局部 DNS 服务器得到这个查询请求，首先查看一下所要求查询的域名是否能回答，如果能回答，直接给予回答，如果不能回答，再查看 DNS 缓存，如果可以从缓存中解析，直接给予回应。

③ 递归解析。

局部 DNS 服务器不能回答客户机的 DNS 查询时，就需要向其他 DNS 服务器进行查询。此时有两种方式，如图 10-6 所示的是 DNS 解析的递归方式。局部 DNS 服务器负责向其他

DNS 服务器进行查询，一般先向该域名的根域服务器查询，再由根域服务器一级级向下查询。最后得到的查询结果返回给局部 DNS 服务器，再由局部 DNS 服务器返回给客户端。

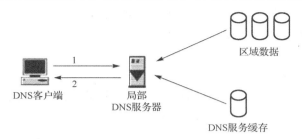

图 10-5　局部 DNS 服务器解析

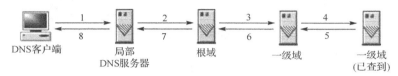

图 10-6　DNS 解析的递归方式

④ 迭代解析。

当局部 DNS 服务器不能回答客户机的 DNS 查询时，也可以通过迭代查询的方式进行解析，如图 10-7 所示。局部 DNS 服务器不是向其他 DNS 服务器进行查询，而是把能解析该域名的其他 DNS 服务器的 IP 地址返回给客户端 DNS 程序，客户端 DNS 程序再继续向这些 DNS 服务器进行查询，直到得到查询结果为止。

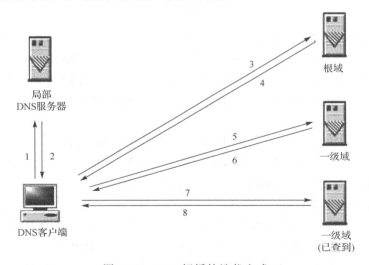

图 10-7　DNS 解析的迭代方式

3．DHCP 概念及工作原理

（1）DHCP 概念。

动态主机配置协议（Dynamic Host Configuration Protocol，DHCP）的前身是 BOOTP 协议。BOOTP 常用于无盘工作站网络，可以为无盘工作站自动地设置 TCP/IP 参数，但

BOOTP 要求必须事先获得工作站的硬件地址，并且硬件地址和 IP 地址一一对应，否则无法实现 IP 地址的动态分配。

DHCP 是 BOOTP 的增强版本，它分为服务器端和客户端两个部分，由 DHCP 服务器集中管理所有的 TCP/IP 网络参数并负责处理客户机的 DHCP 请求，客户机则提出 DHCP请求并使用服务器分配的 TCP/IP 网络参数进行通信。

（2）DHCP 的通信原理。

DHCP 是一个基于广播的协议，DHCP 客户机和服务器的通信过程都是通过发送广播包来实现的，主要分为以下四个阶段，如图 10-8 所示。

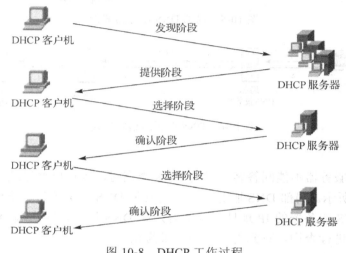

图 10-8　DHCP 工作过程

① 发现阶段（DHCP Discover）：客户机第一次登录网络时会检查自己的网络配置参数，如果没有配置任何网络参数，客户机会在网络中发送一个 DHCP Discover 广播包寻找DHCP 服务器获得 IP 地址，该包的源 IP 地址为 0.0.0.0，目的 IP 地址为 255.255.255.255，同时该包还包含客户机的 MAC 地址和计算机名，使 DHCP 服务器确定由哪个客户机发送该请求。

② 提供阶段（DHCP Offer）：即 DHCP 服务器提供 IP 地址的阶段。在网络中接收到DHCP Discover 广播包的每个 DHCP 服务器都会做出响应，它从自己的 IP 地址池中挑选一个尚未出租的 IP 地址分配给 DHCP 客户机，然后向 DHCP 客户机发送一个包含出租的 IP地址和其他参数的 DHCP Offer 广播包。

③ 选择阶段（DHCP Request）：即 DHCP 客户机选择某台 DHCP 服务器提供的 IP 地址的阶段。如果有多台 DHCP 服务器向 DHCP 客户机发送 DHCP Offer 广播包，则 DHCP客户机只接受第一个收到的 DHCP Offer 广播包，然后发送一个 DHCP Request 广播包并通知所有的 DHCP 服务器，它将选择某台 DHCP 服务器所提供的 IP 地址。该信息中包含向它所选定的 DHCP 服务器请求 IP 地址的内容。

④ 确认阶段（DHCP ACK）：即 DHCP 服务器确认所提供的 IP 地址的阶段。当 DHCP服务器收到 DHCP 客户机回答的 DHCP Request 广播包后，便向 DHCP 客户机发送一个包含它所提供的 IP 地址和其他参数的 DHCP ACK 确认包，告诉 DHCP 客户机可以使用它所

提供的 IP 地址，当客户机收到 DHCP ACK 包时，它就配置了 IP 地址，完成了 TCP/IP 的初始化，从而可以在 TCP/IP 网络上通信。

以上的通信过程是在客户机第一次登录网络时进行的，以后当 DHCP 客户机重新登录网络时，就不需要再发送 DHCP Discover 广播包了，而是直接发送包含第一次所分配的 IP 地址的 DHCP Request 请求包。当 DHCP 服务器收到这一广播包后，它会尝试让 DHCP 客户机继续使用原来的 IP 地址，并回答一个 DHCP ACK 包。如果此 IP 地址已被其他 DHCP 客户机使用，则 DHCP 服务器会给 DHCP 客户机发送一个 DHCP NACK 否认包。当发送请求的 DHCP 客户机收到此 DHCP NACK 否认包后，就必须重新发送 DHCP Discover 包请求新的 IP 地址。

一般来说 DHCP 服务器向 DHCP 客户机出租的 IP 地址都有一个租借期限，在 Windows Server 2008 操作系统中默认为 8 天。在租约到期以后，DHCP 服务器可能会收回出租的 IP 地址并将这些 IP 地址分配给别的客户机。当客户机重启动或租期达 50%时，就需要更新租约，客户机直接向提供租约的服务器发送 DHCP Request 包，要求更新现有的地址租约。如果 DHCP 服务器收到请求，它将发送 DHCP 确认信息给客户机，更新客户机租约。如果客户机无法与提供租约的服务器取得联系，客户机一直等到租期到达 87.5%时，进入重新申请状态，它会向网络上所有的 DHCP 服务器广播 DHCP Discover 包以更新现有的地址租约。如果有服务器响应客户机的请求，那么客户机使用该服务器提供的地址信息更新现有的租约。如果租约终止或无法与其他服务器通信，客户机将无法使用现有的地址租约。

4．Web、FTP 工作原理

（1）互联网信息服务（Internet Information Services，IIS）简介。

IIS 和 Windows Server 2008 在网络应用服务器的管理、可用性、可靠性、安全性与可扩展性方面提供了许多新的功能，增强了网络应用的开发与国际性支持，同时提供了可靠、高效和完整的网络服务器解决方案。

IIS 是一种 Web 网页服务组件，支持 HTTP 协议（HyperText Transfer Protocol）、FTP 协议及 SMTP 协议等。

IIS 的一个重要特性是支持活动服务器网页（Active Server Pages，ASP）。自从 IIS 3.0 版本以后引入 ASP，可以很容易地发布动态 Web 网页内容和开发基于 Web 网页的应用程序。对于诸如由 VBScript、JavaScript 等开发的软件，或者由 Visual Basic、Java、Visual C++ 等开发的系统，以及现有的公用网关接口（Common Gateway Interface，CGI）和 WinCGI 脚本开发的应用程序，IIS 都提供强大的本地支持。

（2）Web 服务的概念。

万维网（World Wide Web，也称 Web、WWW）是 Internet 上集文本、声音、动画、视频等多种媒体信息于一身的信息服务系统，整个系统由 Web 服务器、浏览器（Browser）及通信协议三部分组成。

WWW 系统采用客户机/服务器结构。

在客户端，WWW 系统通过 Netscape Navigator 或 Internet Explorer 等浏览器工具软件提供了查阅超文本的方便手段。

在服务器端，定义了一种组织多媒体文件的标准——超文本标记语言（HyperText

Markup Language，HTML）。按 HTML 格式储存的文件被称作超文本文件。Web 页间采用超级文本（HyperText）的格式互相链接，通过这些链接可从一个网页跳转到另一网页上，也就是所谓的超链接。WWW 采用超文本传输协议 HTTP，实现文本、图形、图像、视频等多种媒体分布式存储与应用。

（3）Web 服务的工作原理。

Web 应用采用客户机/服务器模式，Web 服务器的工作过程如图 10-9 所示，客户端启动 Web 客户程序即浏览器，输入客户想查看的 Web 页地址，客户程序通过 DNS 解析服务器 IP 地址，客户程序与该地址的服务器连通，并告诉服务器需要哪一页面，服务器将该页面发送给客户程序，客户程序显示该页面内容，这时客户就可以浏览该页面了。

（4）Web 服务的访问方式。

Internet 中的网站成千上万，为了准确查找，人们采用统一资源定位器（Uniform Resource Locator，URL），为全世界唯一标识某个网络资源，其描述格式为：

协议：//主机名称或 IP 地址:端口号/路径名/文件名

例如，http://www.dlvtc.edu.cn，客户程序首先看到 http（超文本传输协议），知道处理的是 HTTP 连接，接下来的是 www.dlvtc.edu.cn 站点地址，http 协议默认使用 TCP 协议 80 端口，可以省略不写。

（5）FTP。

在了解 IIS 功能基础上，我们继续学习 IIS 中的另一个重要组件——FTP。

① FTP 的概念及功能。

FTP 有两层意思，如图 10-10 所示，其中一个是指文件传输协议（File Transfer Protocol），是 Internet 上使用最广泛地用于传输文件的协议。

FTP 的另一层意思是文件传输服务。FTP 提供交互式访问，用来在远程主机与本地主机之间或两台远程主机之间传输文件。

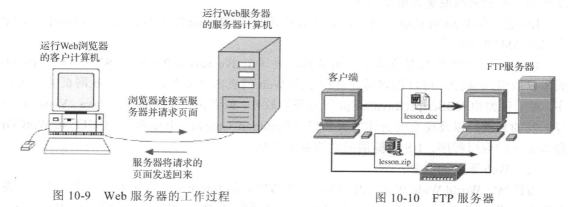

图 10-9　Web 服务器的工作过程　　　　　图 10-10　FTP 服务器

在 Internet 上通过 FTP 服务器可以进行文件的上传（Upload）或下载（Download）。FTP 是实时联机服务，工作时客户端必须先通过用户名和密码登录到作为服务器一方的计算机上。用户登录后可以进行文件搜索和文件传输等有关操作，如改变当前工作目录、列文件目录、设置传输参数及传输文件等。使用 FTP 可以传输所有类型的文件，如文本文件、二进制可执行文件、图像文件、声音文件和数据压缩文件等。

② FTP 的工作原理。

FTP 服务采用典型的客户机-服务器工作模式，如图 10-11 所示。FTP 服务器默认设置两个端口 21 和 20。端口 21 用于监听 FTP 客户机的连接请求，端口 20 用于传输数据。

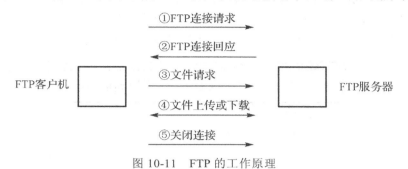

图 10-11　FTP 的工作原理

整个 FTP 建立连接的过程有以下几步。

● 连接请求：对于一个 FTP 服务器来说它会自动对默认端口进行监听（默认端口是可以修改的，一般为 21）。某个客户机向这个专用端口请求建立连接时便激活了服务器上的控制进程。

● 连接回应：通过这个控制进程进行用户名密码及权限的验证。

● 文件请求：当验证完成后，服务器与客户机之间还会建立另外一条专有连接进行文件数据的传输，通常使用的是 20 端口。

● 文件上传或下载：在传输过程中服务器上的控制进程将一直工作，并不断发出指令操控整个 FTP 传输。

● 传输完毕后控制进程发送给客户机结束指令关闭连接。

③ FTP 的访问方式。

FTP 服务分为普通 FTP 与匿名 FTP 服务两种类型。

● 普通 FTP 服务要求用户在登录时提供正确的用户名和用户密码。

● 匿名 FTP 服务的实质是提供服务的机构在它的 FTP 服务器上建立一个公开账号（通常为 anonymous），并赋予该账号访问公共目录的权限。

10.3.2　实践活动

任务 1　WWW 服务器的安装与配置

实训目的

● 了解 WWW 服务的作用。

● 掌握 WWW 服务的工作过程。

● 掌握 WWW 服务的安装与配置方法。

实训环境

● 计算机网络机房。

● 安装有 Windows Server 2008 操作系统的计算机。

操作步骤

第一步：安装 IIS。

启动 Windows Server 2008 时系统默认会启动"初始配置任务"窗口，如图 10-12 所示，帮助管理员完成新服务器的安装和初始化配置。如果没有启动该窗口，可以通过"开始"→"管理工具"→"服务器管理器"命令，打开服务器管理器窗口。

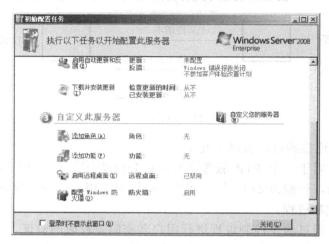

图 10-12　初始配置任务

单击"添加角色"选项，打开"添加角色向导"的第一步"选择服务器角色"窗口，选择"Web 服务器（IIS）"复选框，如图 10-13 所示。

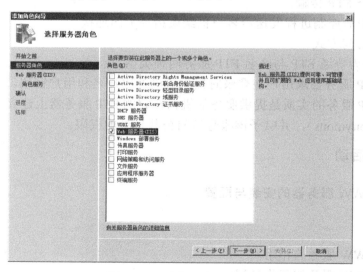

图 10-13　选择服务器角色

单击"下一步"按钮，显示"Web 服务器（IIS）"对话框，如图 10-14 所示，列出了 Web 服务器的简要介绍及注意事项。

单击"下一步"按钮，显示"选择角色服务"对话框，如图 10-15 所示，列出了 Web 服务器包含的所有组件，用户可以手动选择。此处需要注意的是"应用程序开发"角色服务中的几项尽量都选中，这样配置的 Web 服务器将可以支持相应技术开发的 Web 应用程序。FTP 服务器选项是配置 FTP 服务器需要安装的组件，将在下一节做详细介绍。

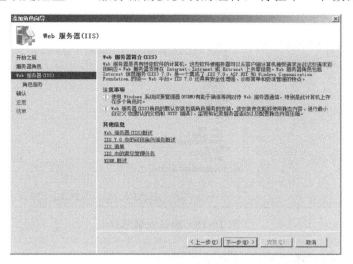

图 10-14　Web 服务器（IIS）

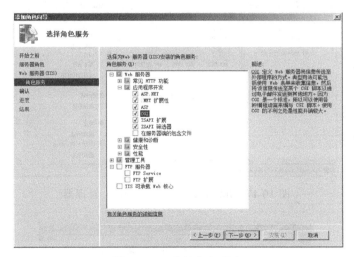

图 10-15　选择角色服务

单击"下一步"按钮，显示"确认安装选择"对话框，如图 10-16 所示。列出了前面选择的角色服务和功能，以供核对。

单击"安装"按钮，即可开始安装 Web 服务器。安装完成后，显示 "安装结果"对话框。

单击"关闭"按钮，Web 服务器安装完成。

通过"开始"→"管理工具"→"Internet 信息服务（IIS）管理器"命令，打开 IIS 服务管理器，即可看到已安装的 Web 服务器。Web 服务器安装完成后，默认会创建一个名字为"Default Web Site"的站点，如图 10-17 所示。为验证 IIS 服务器是否安装成功，打开浏览器，在地址栏输入"http://localhost"或"http://本机 IP 地址"，如果出现如图 10-18 所示页面，说明 Web 服务器安装成功；否则，说明 Web 服务器安装失败，需要重新检查服务器设置或重新安装。

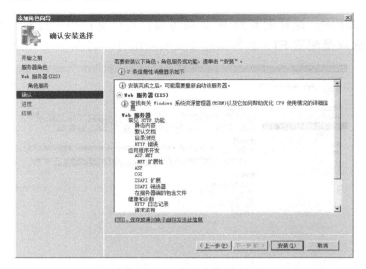

图 10-16　确认安装选择

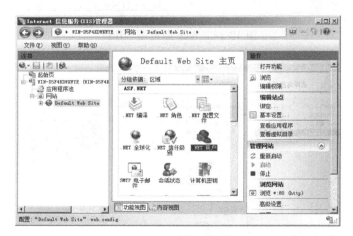

图 10-17　Internet 信息服务（IIS）管理器

图 10-18　Web 服务器欢迎页面

到此，Web 就安装成功并可以使用了。用户可以将做好的网页文件（如 Index.htm）放到"C:\inetpub\wwwroot"文件夹下，然后在浏览器地址栏输入"http://localhost/Index.htm"或"http://本机 ip 地址/Index.htm"，就可以浏览做好的网页了。网络中的用户也可以通过"http://本机 ip 地址/Index.htm"方式访问网页文件。

第二步：配置 IP 地址和端口。

Web 服务器安装好之后，默认创建一个名字为"Default Web Site"的站点，使用该站点就可以创建网站。默认情况下，Web 站点会自动绑定计算机中的所有 IP 地址，端口默认为 80，也就是说，如果一个计算机有多个 IP，那么客户端通过任何一个 IP 地址都可以访问该站点。但是一般情况下，一个站点只能对应一个 IP 地址，因此，需要为 Web 站点指定唯一的 IP 地址和端口。

在 IIS 管理器中，选择默认站点，如图 10-17 所示的"Default Web Site 主页"窗口可以对 Web 站点进行各种配置；在右侧的"操作"栏中，可以对 Web 站点进行相关的操作。

单击"操作"栏中的"绑定"超链接，打开"网站绑定"窗口，如图 10-19 所示。可以看到 IP 地址下有一个"*"号，说明现在的 Web 站点绑定了本机的所有 IP 地址。

单击"添加"按钮，打开"添加网站绑定"窗口，如图 10-20 所示。

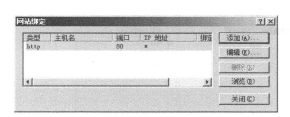

图 10-19　网站绑定

图 10-20　添加网站绑定

单击"全部未分配"后边的下拉箭头，选择要绑定的 IP 地址即可。这样，就可以通过这个 IP 地址访问 Web 网站了。端口栏表示访问该 Web 服务器要使用端口号。在这里可以使用"http://192.168.0.3"访问 Web 服务器。此处的主机名是该 Web 站点要绑定的主机名（域名），可以参考 DNS 章节的相关内容。

> 提示：Web 服务器默认的端口是 80 端口，因此访问 Web 服务器时就可以省略默认端口；如果设置的端口不是 80，比如是 8000，那么访问 Web 服务器就需要使用"http://192.168.0.3:8000"来访问。

第三步：配置主目录。

主目录即网站的根目录，用来保存 Web 网站的相关资源，默认路径为"C:\Inetpub\wwwroot"。如果不想使用默认路径，可以更改网站的主目录。打开 IIS 管理器，选择 Web 站点，单击右侧"操作"栏中的"基本设置"超级链接，显示如图 10-21 所示窗口。

在"物理路径"下方的文本框中显示的就是网站的主目录。此处"%SystemDrive%\"代表系统盘。

在"物理路径"文本框中输入 Web 站点的目

图 10-21　编辑网站

录路径，如 d:\111，或者单击"浏览"按钮选择相应的目录，然后单击"确定"按钮保存。这样，选择的目录就作为了该站点的根目录。

第四步：配置默认文档。

在访问网站时，用户会发现一个特点，在浏览器的地址栏输入网站域名即可打开网站的主页，而继续访问其他页面会发现地址栏最后有一个网页名。那么为什么打开网站主页时不显示主页的名字呢？实际上，在输入网址时，默认访问的就是网站的主页，只是主页名没有显示。通常，Web 网站的主页都会设置成默认文档，当用户使用 IP 地址或域名访问时，不需要再输入主页名，便于用户的访问。下面来看如何配置 Web 站点的默认文档。

在 IIS 管理器中选择默认 Web 站点，在"Default Web Site 主页"窗口中双击"IIS"区域的"默认文档"图标，打开如图 10-22 所示窗口。

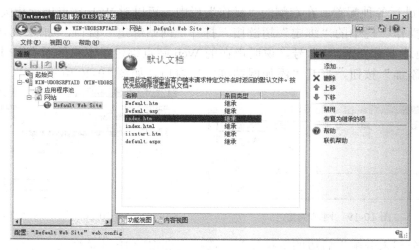

图 10-22　默认文档设置窗口

可以看到，系统自带 6 种默认文档，如果要使用其他名称的默认文档，例如，当前网站是使用 Asp.Net 开发的动态网站，首页名称为 Index.aspx，需要添加该名称的默认文档。

图 10-23　添加默认文档

单击右侧的"添加"超链接，显示如图 10-23 所示窗口，在"名称"文本框中输入要使用的主页名称。单击"确定"按钮，即可添加该默认文档。新添加的默认文档自动排在最上面。

当用户访问 Web 服务器时，输入域名或 IP 地址后，IIS 会自动按顺序由上至下依次查找与之相应的文件名。因此，配置 Web 服务器时，应将网站主页的默认文档移到最上面。如果需要将某个文件上移或下移，可以先选中该文件，然后使用图 10-22 右侧"操作"下的"上移"和"下移"实现。

如果想删除或禁用某个默认文档，只需要选择相应默认文档，然后单击图 10-22 右侧"操作"栏中的"删除"或"禁用"即可。

提示：默认文档的"条目类型"指该文档是从本地配置文件添加的，还是从父配置文件读取的。对于用户自己添加的文档，"条目类型"都是本地。对于系统默认显示的文档，都是从父配置文件读取的。

第五步：设置访问限制。

配置的 Web 服务器是要供用户访问的，因此不管使用的网络带宽有多充裕，都有可能因为同时连接的计算机数量过多而使服务器死机。所以有时需要对网站进行一定的限制，例如，限制带宽和连接数量等。

选中"Default Web Site"站点，单击右侧"操作"栏中的"限制"超链接，打开"编辑网站限制"对话框，如图 10-24 所示。IIS7.0 中提供了两种限制连接的方法，分别为限制带宽使用和限制连接数。

选择"限制带宽使用（字节）"复选框，在文本框中键入允许使用的最大带宽值。在控制 Web 服务器向用户开放的网络带宽值的同时，也可能降低服务器的响应速度。但是，当用户 Web 服务器的请求增多时，如果通信带宽超出了设定值，请求会被延迟。

图 10-24 编辑网站限制

选择"限制连接数"复选框，在文本框中键入限制网站的同时连接数。如果连接数量达到指定的最大值，以后所有的连接尝试都会返回一个错误信息，连接将被断开。限制连接数可以有效防止试图用大量客户端请求造成 Web 服务器负荷超载的恶意攻击。在"连接超时"文本框中键入超时时间，可以在用户端达到该时间时，显示连接服务器超时等信息，默认是 120 秒。

提示：IIS 连接数是虚拟主机性能的重要标准，所以若要申请虚拟主机（空间），首先要考虑的一个问题就是该虚拟主机（空间）的最大连接数。

任务 2 FTP 服务器的安装与配置

实训目的

- 了解 FTP 服务器的作用。
- 掌握 FTP 服务器的工作过程。
- 掌握 FTP 服务器的安装与配置。

实训环境

- 计算机网络机房。
- 安装有 Windows Server 2008 操作系统的计算机。

操作步骤

在上一节中，我们学习了如何安装 IIS 及如何添加服务角色，这里不再赘述。我们在 IIS 下面的角色服务中选中 FTP 就可以了，如图 10-25 所示。

直接打开 IIS6.0 管理器，然后在"Default FTP Site"上右击选择"新建"→"FTP 站点"选项，如图 10-26 所示。（虽然 Windows Server 2008 自带的应该是 IIS 7.0 管理器，但是 FTP 站点由 IIS 6.0 支持。）

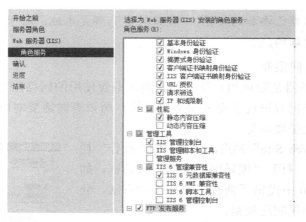

图 10-25　添加 FTP 角色服务

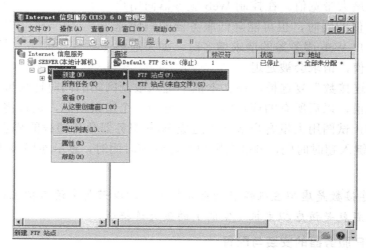

图 10-26　新建站点

在"FTP 站点创建向导"对话框中完成 FTP 站点的设置。给 FTP 站点设置 IP 地址和端口，如图 10-27 所示。

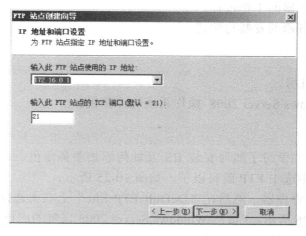

图 10-27　设置地址和端口

在"FTP 站点创建向导"窗口中输入 FTP 站点的描述，如图 10-28 所示。

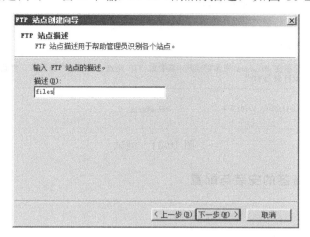

图 10-28 站点描述

在"FTP 站点创建向导"窗口中设置此 FTP 站点的访问权限，如图 10-29 所示。

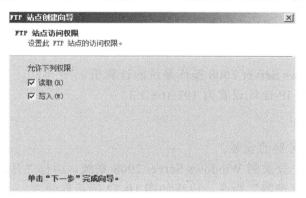

图 10-29 站点访问权限

在"FTP 站点创建向导"窗口中输入 FTP 站点的主目录路径，如图 10-30 所示。

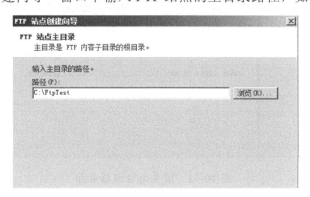

图 10-30 站点主目录

FTP 站点建立后，就可以测试了，如图 10-31 所示。

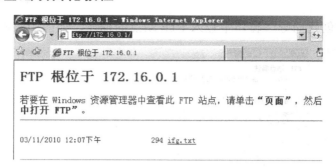

图 10-31　测试

任务 3　DNS 服务器的安装与配置

实训目的

- 了解 DNS 服务器的作用。
- 掌握 DNS 服务器的工作过程。
- 掌握 DNS 服务器的安装与配置。

实训环境

- 计算机网络机房。
- 安装有 Windows Server 2008 操作系统的计算机。
- DNS 服务器的 IP 地址设置为 192.168.3.2。

操作步骤

第一步：DNS 服务器的安装。

我们以管理员账户登录到 Windows Server 2008 系统，运行"开始"→"程序"→"管理工具"→"服务器管理器"命令，出现如图 10-32 所示界面。

图 10-32　服务器管理器界面

单击"添加角色"选项，打开"添加角色向导"窗口，如图 10-33 所示。

在"服务器角色"对话框中的"角色"列表框中选中"DNS 服务器"复选框，如图 10-34 所示，单击"下一步"按钮。

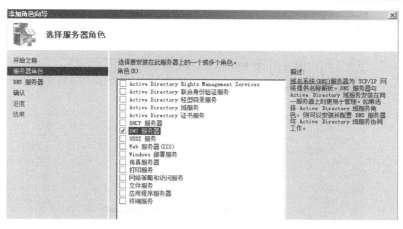

图 10-33　运行添加角色向导

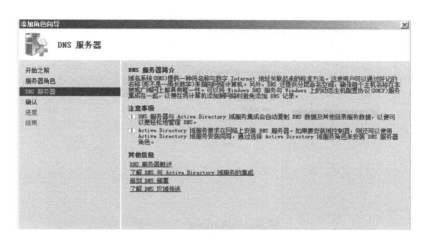

图 10-34　选中 DNS 服务器

确认安装 DNS，如图 10-35 所示，然后单击"安装"按钮，进入安装进度界面，如图 10-36 所示，几分钟后安装完成，如图 10-37 所示，单击"关闭"按钮，返回"初始配置任务"窗口。

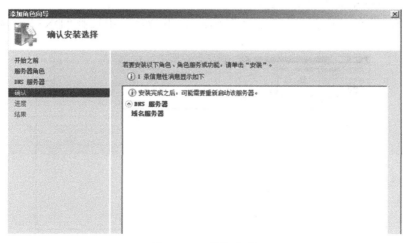

图 10-35　确认安装

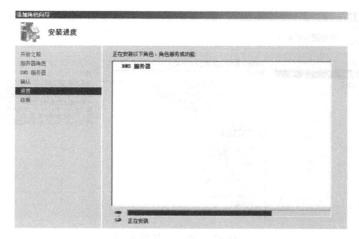

图 10-36　安装进度

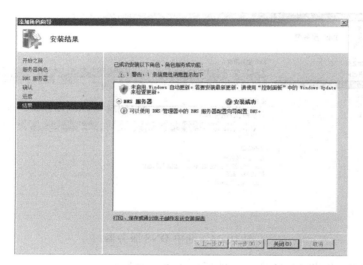

图 10-37　安装结果

第二步：在 DNS 服务器中新建区域。

单击"开始"菜单并选择"管理工具"选项，在下拉菜单中选择"DNS"选项，如图 10-38 所示。

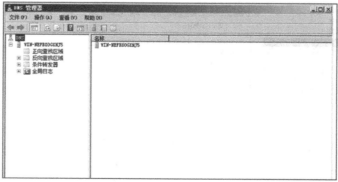

图 10-38　DNS 管理器界面

为了使DNS服务器能将域名解析成IP地址，首先要在DNS区域中添加正向查找区域。右击"正向查找区域"选项，在下拉菜单中选择"新建区域"复选框，如图10-39所示。

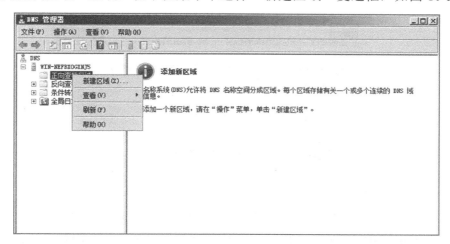

图 10-39 新建正向查找区域

在弹出的新建区域向导中选择"主要区域"选项，如图10-40所示，单击"下一步"。

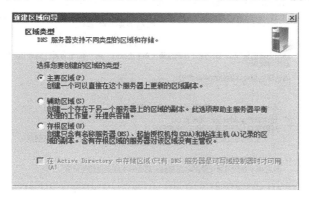

图 10-40 新建主要区域

在区域名称对话框中，输入在域名服务机构申请的正式域名，如图10-41所示，单击"下一步"按钮。

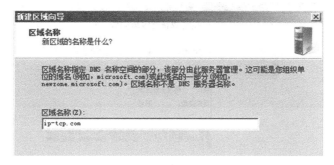

图 10-41 新建区域命名

选择"创建新文件，文件名为："选项，文件名使用默认即可，如图10-42所示。如果要从另一个 DNS 服务器将记录文件复制到本地计算机，选中"使用此现存文件"单选按钮，并输入现存文件的路径，单击"下一步"按钮。

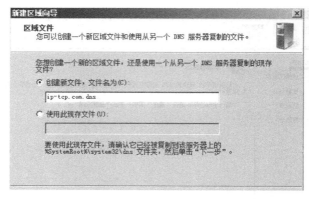

图 10-42　区域文件

在"动态更新"界面中选择"不允许动态更新"选项，如图 10-43 所示，单击"下一步"按钮。

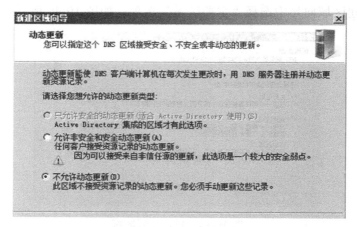

图 10-43　动态更新

到此时，完成了"新建区域"的安装，单击"完成"按钮，完成向导，如图 10-44 所示。

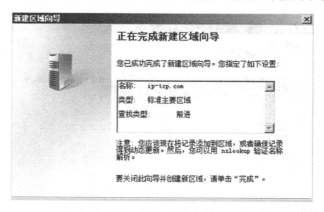

图 10-44　完成向导

第三步：在 DNS 服务器中建立 DNS 记录。

DNS 服务器配置完成后，要为所属的域（ip-tcp.com）提供域名解析服务，还必须在 DNS 域中添加各种 DNS 记录，如 Web 及 FTP 等，使用 DNS 域名的网站都需要添加 DNS 记录来实现域名解析。在这里以 Web 网站举例，需要添加主机 A 记录，右击右侧空白区域，在下拉菜单中选择"新建主机"选项，如图 10-45 所示。

在"名称"文本框中输入主机名称，如 www，在"IP 地址"文本框中键入主机对应的 IP 地址，单击"添加主机"按钮，提示主机记录创建成功，如图 10-46 所示。

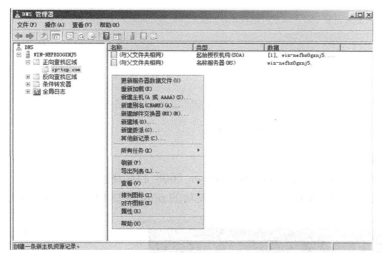

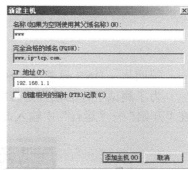

图 10-45　新建主机　　　　　　　　图 10-46　输入主机名称及 IP 地址

单击"确定"按钮，创建完成主机记录 www.ip-tcp.com，如图 10-47、图 10-48 所示。

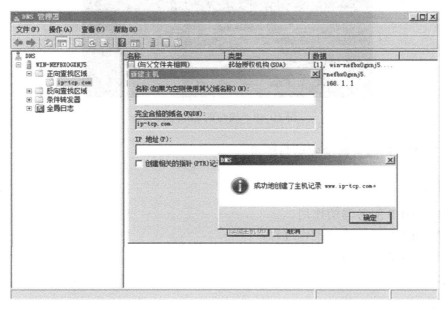

图 10-47　完成主机记录的添加

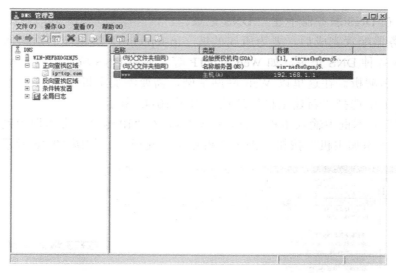

图 10-48　主机添加后界面

第四步：DNS 设置后的验证。

为了测试进行的设置是否成功，可以采用 Windows Server 2008 自带的 ping 命令完成。在"开始"→"运行"中输入命令"ping www. ip-tcp.com"。成功的 ping 测试如图 10-49 所示。

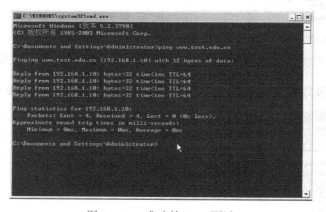

图 10-49　成功的 ping 测试

任务 4　DHCP 服务器的安装与配置

实训目的

- 了解 DHCP 服务器的作用。
- 掌握 DHCP 服务器的工作过程。
- 掌握 DHCP 服务器的安装与配置。

实训环境

- 计算机网络机房。
- 安装有 Windows Server 2008 操作系统的计算机。

操作步骤

在安装 DHCP 服务之前，需要注意以下事项：

● DHCP 服务器本身的 IP 地址必须为静态，即其 IP 地址、子网掩码、默认网关等信息必须以手工的方式输入。

● 应事先规划好可出租给客户端计算机的 IP 地址池（即 IP 作用域）。

第一步：搭建 DHCP 服务器。

以管理员身份登录 Server，打开服务器管理器。如图 10-50 所示，单击"角色"选项，在右面的窗口中单击"添加角色"选项。

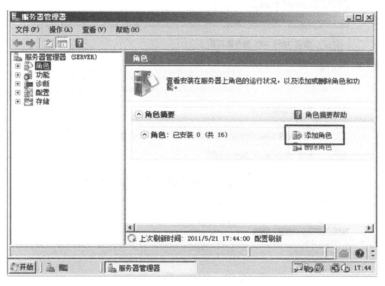

图 10-50　服务器管理器

在"选择服务器角色"对话框中单击"下一步"按钮，如图 10-51 所示，在"选择服务器角色"对话框中选中"DHCP 服务器"复选框，单击"下一步"按钮。

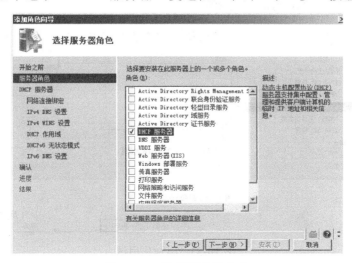

图 10-51　选择服务器角色

在"DHCP 服务器"对话框中单击"下一步"按钮；在"选择网络连接绑定"对话框中保持默认设置，单击"下一步"按钮；在"指定 IPv4 DNS 服务器设置"对话框中保持默认设置，单击"下一步"按钮；在"指定 IPv4 WINS 服务器设置"对话框中保持默认设置，单击"下一步"按钮，如图 10-52 所示。

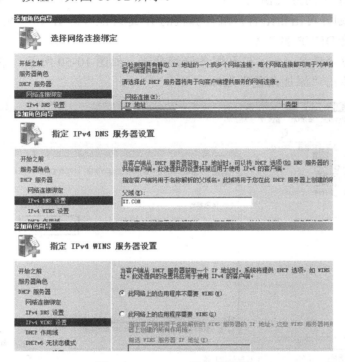

图 10-52　DHCP 服务器配置

在"添加或编辑 DHCP 作用域"对话框中单击"添加"按钮，如图 10-53 所示。

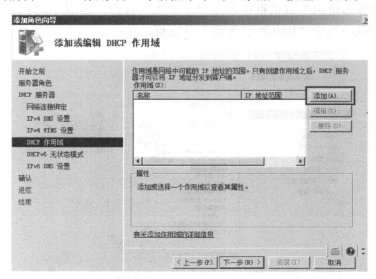

图 10-53　添加作用域

如图 10-54 所示，在弹出的"添加作用域"对话框中输入作用域的名称、起止 IP 地址、子网掩码、默认网关等信息。单击"确定"按钮，在返回的"添加或编辑 DHCP 作用域"对话框中单击"下一步"按钮。

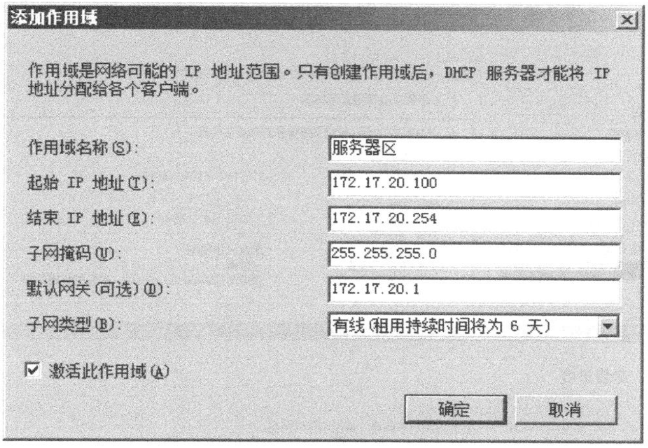

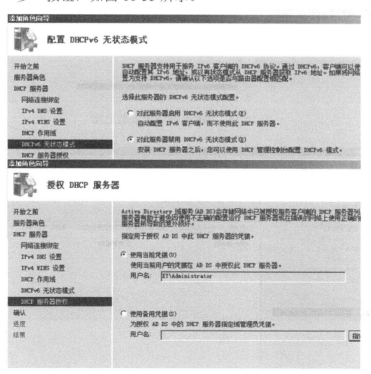

图 10-54　添加的作用域

在"配置 DHCPv6 无状态模式"对话框中选中"对此服务器禁用 DHCPv6 无状态模式"单选按钮，单击"下一步"按钮；在"DNS 服务器授权"对话框中选择"使用当前凭据"选项，单击"下一步"按钮，如图 10-55 所示。

图 10-55　禁用 DHCPv6 无状态模式及 DNS 服务器授权

在"确认安装选择"对话框中单击"安装"按钮，在"安装进度"对话框中可以看到安装进度，如图 10-56 所示。完成 DHCP 服务安装后，单击"关闭"按钮，如图 10-57 所示。到这里，DHCP 服务器安装完成。

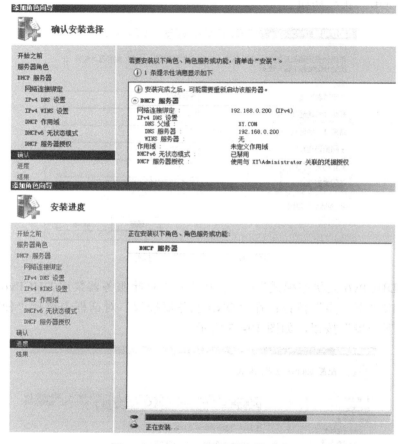

图 10-56　DHCP 服务器安装进度

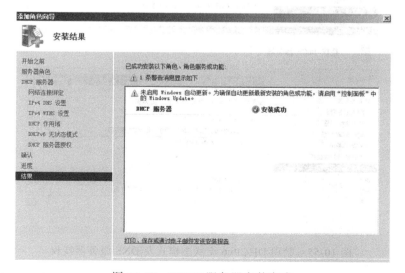

图 10-57　DHCP 服务器安装完成

第二步：添加排除。

如果网络中的移动计算机较多，而 DHCP 中作用域的地址范围较小，需要减少 IP 地址的租约时间，这样 DHCP 服务器可以将超过租期的地址分配给其他计算机。

另外，如果网络中一些服务器已经占用了位于作用域中的固定 IP 地址，必须在作用域中排除这些地址，以防止 DHCP 服务器将这些地址分配给其他客户机。

在 DHCP 服务器搭建的过程中已经创建了作用域，在这里不用再创建作用域，可以直接在作用域中添加排除，具体步骤如下。

（1）选择"开始"→"程序"→"管理工具"→"DHCP"命令。

（2）如图 10-58 所示，依次展开"Server"→"IPv4"选项，右击"作用域[172.17.20.0]服务器区"选项，在弹出的快捷菜单中选择"属性"命令。

（3）如图 10-59 所示，在"作用域[172.17.20.0]服务器区属性"对话框的"常规"选项卡中，可以更改作用域名称、起始 IP 地址、结束 IP 地址及租约。

图 10-58　查看属性

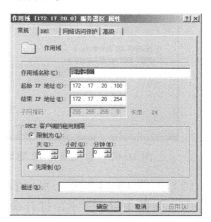

图 10-59　更改属性

（4）单击"确定"按钮关闭"作用域[172.17.20.0]服务器区属性"对话框。如图 10-60所示，右击作用域下的"地址池"选项，在弹出的快捷菜单中选择"新建排除范围"命令。

（5）如图 10-61 所示，在"添加排除"对话框中，输入要排除的地址范围，单击"添加"按钮。

图 10-60　新建排除

图 10-61　排除范围

第三步：配置 DHCP 客户端。

DHCP 服务器配置完成后，可以配置客户端通过 DHCP 方式自动获取 IP 地址。在客户端的配置步骤如下。

（1）如图 10-62 所示，打开客户端计算机的"Internet 协议（TCP/IP）属性"窗口，选择"自动获得 IP 地址"单选按钮和"自动获得 DNS 服务器地址"单选按钮，单击"确定"按钮。

（2）如图 10-63 所示，在"本地连接状态"的"支持"选项卡下，单击"详细信息"按钮。

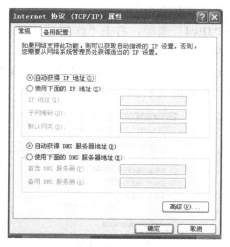

图 10-62 自动获得 IP 地址

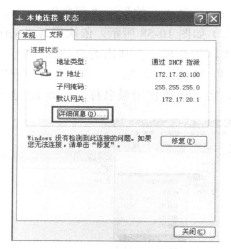

图 10-63 查看详细信息

（3）如图 10-64 所示，可以看到从 DHCP 服务器获得的 IP 地址相关信息。

（4）如图 10-65 所示，打开命令行窗口，在命令提示符下输入"ipconfig /all"，也可以看到分配的 IP 地址、子网掩码、网关和租约时间等信息。

图 10-64 查看获得的地址

图 10-65 使用命令查看

（5）如图 10-66 所示，在命令提示符下输入"ipconfig /release"，可以释放租约。

（6）如图 10-67 所示，在命令提示符下输入"ipconfig /renew"，可以重新申请地址。

（7）如图 10-68 所示，在 Server 计算机上打开 DHCP 管理工具下的"地址租用"选项，可以在右击的窗口中看到客户端请求的 IP 地址情况。

图 10-66 释放租约

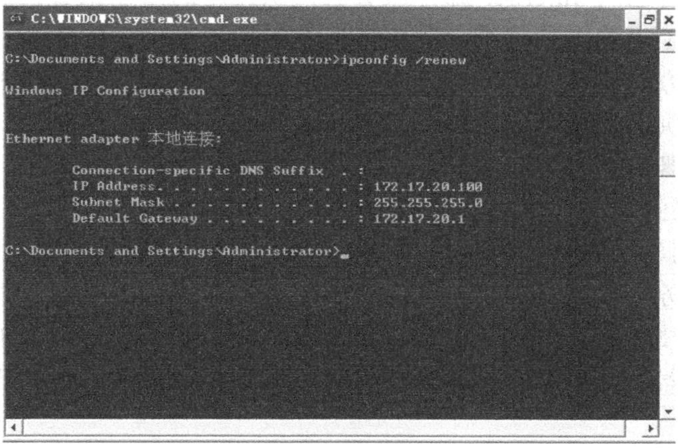

图 10-67 重新申请地址

图 10-68 查看客户端情况

10.4 关联拓展

Internet 应用服务

1. 电子邮件服务系统

企业邮箱是指以企业的域名作为后缀的电子邮件地址，通常一个企业有许多员工使用电子邮箱，企业邮箱可以让邮件管理员任意开设不同名字的邮箱，并根据不同的需求设定邮箱的空间，而且可以随时关闭或删除这些邮箱。企业电子邮箱以企业域名为后缀，既体现公司的品牌和形象，又方便公司管理人员对员工信箱进行统一管理，还能使公司商业信函来往得到更好更安全的管理，是互联网时代不可缺少的企业现代化通信工具。

企业可以组建自己的 Internet 邮件服务器，从使用的角度来看，拥有自己的邮件服务器可以为自己的员工设置电子邮箱，还可以根据需要设置不同的管理权限，并且除了一般的客户端邮件程序方式收发 E-mail 之外，还可以实现 Web 方式收发和管理邮件，比电子邮箱和虚拟主机提供的信箱更方便。

（1）邮件服务器特点。

① 多域邮件服务。

所谓多域邮件服务，即是一台物理服务器为多个独立注册 Internet 域名的企业或单位提供电子邮件的服务。在逻辑上，这些企业和单位拥有自己独立的邮件服务器，也可以称为虚拟邮件服务器技术。对于 ISP 提供商和企业集团公司来说，多域邮件服务器的支持能力是选择邮件服务器的一个重要考虑因素，可以方便地扩展横向邮件服务能力。

② 安全防护。

现在的邮件服务器在安全防护技术上有较大的提高，包括数据身份认证、传输加密、垃圾邮件过滤、邮件病毒过滤、安全审计等多项安全技术在邮件服务器中都得到了很好的应用。

③ 多语言。

目前仅中文就有若干字符集，如 GB-18030、GB-2312、Big5 等，虽然可以统一标准，但是在实际过程中，不可能统一所有的邮件客户端，因此只能要求邮件服务器支持多语言的环境，使"我们的沟通无障碍"。

④ 远程监控和性能调整。

由于目前许多邮件服务器使用电信托管等方式，不可能经常进行本地操作，因此目前邮件服务器均提供了远程邮件监控功能。可以通过 Web 方式，监控邮件服务器的工作状态，包括在线用户数、邮件处理数量和速度、存储空间使用率等，并且可以随时对出现的发信高峰和网络攻击进行远程处理。

⑤ 无限的可扩展能力。

电子邮件系统应该具备无限的可扩展能力，Internet 网络的一个特性是变化无常，需要应对随时而来的应用尖峰。因此，需要电子邮件系统具有无限的可扩展能力，这个能力主要体现在邮件的处理能力和邮件的存储能力上。为使邮件的处理能力可以无限扩展，需要引入集群和负载均衡技术，使应用平台可以在需要的时候无限扩充，满足长期或临时的业务需要。为便于邮件存储，需要高性能的邮件存储解决方案，最为理想的应该是 SAN 技术在邮件服务器领域的应用。

（2）邮件服务与协议。

邮件服务器不是单独的网络服务，是由 SMTP 服务器和 POP 服务器组成的，POP3 服务和 SMTP 服务一起使用。其中 SMTP 服务器使用 SMTP 协议，用于发送电子邮件，POP 服务器使用 POP3 协议，用于接收电子邮件。电子邮件客户端帮助用户收发自己的电子邮件。

① SMTP 协议。

简单邮件传输协议（Simple Mail Transfer Protocol，SMTP）是一组用于由源地址到目的地址传输邮件的规则，用来控制信件的中转方式。SMTP 协议属于 TCP/IP 协议簇，帮助每台计算机在发送或中转邮件时找到下一个目的地。通过 SMTP 协议所指定的服务器，可以把邮件传输到收信人的服务器上。SMTP 服务器是遵循 SMTP 协议的发送邮件服务器，用来发送或中转发出的电子邮件。发送方向接收方传递邮件时使用单向的 SMTP 传输协议，默认使用 TCP 端口 25，SMTP 服务器只接受客户机发送的电子邮件，或者向别的服务器发送电子邮件。

② POP3 协议。

电子邮局协议（Post Office Protocol V3，POP3）规定如何将个人计算机连接到 Internet 或 Intranet 的邮件服务器并下载电子邮件存储到本地主机上，同时可以删除保存在邮件服务器上的邮件。POP3 是 Internet 电子邮件的第 1 个离线协议标准，它是接收方向电子邮局发出接收邮件请求时使用的单向传输协议，默认使用 TCP 端口 110。POP3 服务器是遵循 POP3 协议来接收电子邮件的服务器，它将电子邮件发送给客户机，或者从别的服务器接收电子邮件。客户机与服务器连接并查询新电子邮件时，指定的所有邮件将被程序下载到客户机，下载完成后用户可以修改邮件，无须与电子邮件服务器进一步交互。

配置好邮件服务器后，用户可以收发邮件。当发送电子邮件时，必须知道对方的电子邮件地址，格式为：用户名@邮件服务器。例如，hgzsln@sohu.com。

（3）邮件服务器工作过程。

电子邮件的工作过程遵循客户机-服务器模式，如图 10-69 所示。每份电子邮件的发送都涉及发送方与接收方，发送方构成客户机，而接收方构成服务器，服务器含有众多用户的电子信箱。发送方通过邮件客户程序，将编辑好的电子邮件向邮局服务器（SMTP 服务器）发送。邮局服务器识别接收方的地址，并向管理该地址的邮件服务器（POP3 服务器）发送消息。邮件服务器将消息存放在接收方的电子信箱内，并告知接收方有新邮件到来。接收方通过邮件客户程序连接到服务器后，会看到服务器的通知，从而打开自己的电子信箱查收邮件。

通常 Internet 上的个人用户不能直接接收电子邮件，而是申请 ISP 主机的一个电子信箱，由 ISP 主机负责电子邮件的接收。一旦有用户的电子邮件到来，ISP 主机就将邮件移到用户的电子信箱内，并通知用户有新邮件。因此，当发送一条电子邮件给另一个客户时，电子邮件首先从用户计算机发送到 ISP 主机，再到 Internet，再到收件人的 ISP 主机，最后到收件人的个人计算机。

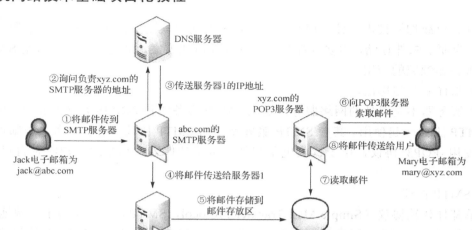

图 10-69　邮件服务器工作过程

ISP 主机起"邮局"的作用，管理众多用户的电子信箱。每个用户的电子信箱实际上就是用户所申请的账号名，每个用户的电子信箱都要占用 ISP 主机一定容量的硬盘空间，由于这一空间是有限的，因此用户要定期查收和阅读电子信箱中的邮件，以便腾出空间接收新的邮件。

2．远程登录服务系统

（1）为什么需要远程桌面。

服务器通常放在机房内，机房内电磁辐射大、噪音大、空间小，不是管理员的久留之地。通常管理员除了安装服务器硬件、初次安装操作系统或数据库等软件，巡检时才会到机房，平时管理员在自己的办公桌上远程配置服务器。这就需要用到远程桌面，使得管理员能够远程管理服务器。

（2）远程桌面服务的基本组成。

● 远程桌面服务器：是指用户开启了远程桌面服务功能并且能够管理终端客户端连接的服务器。

● 远程桌面协议（Remote Desktop Protocol，RDP）：RDP 是一项基于国际电信联盟制定的国际标准 T.120 的多通道协议，其主要负责客户端与服务器之间的通信，而且将操作界面在客户端显示出来。

● 远程桌面服务客户机：是指安装了远程桌面服务客户端程序的计算机。

在 Windows Server 2008 中，已经内置了远程桌面连接功能，但只允许不超过 2 个用户连接到服务器。

远程桌面是管理员对 Windows 操作系统实施远程管理和维护的工具，也是攻击者窥视和企图接管的对象。因此，一个有经验的系统管理员在客户端或服务器上开启远程桌面后会进行一定的安全部署。

在 Windows Server 2008 中开启远程桌面的操作是非常简单的，但不同于此前的系统，它提供了更多的安全选项，因为 Windows Server 2008 的安全特性，用户在开启远程桌面前或开启之后还应该注意有关事项，如：

● 慎重选择限制远程连接系统的版本。

● 在 Windows Server 2008 上开启远程桌面时还需要注意，所有远程连接必须使用带有密码的账户创建，如果系统中的某个本地账户没有密码，那么无法使用该账户进行远程连接。这是一些个人用户经常遇到的问题，开启了远程桌面但无法通过账户登录。

10.5 巩 固 提 高

1. 作为网络管理员，你需要为网络中的 200 台计算机配置 TCP/IP 参数，为提高效率并减轻工作负担，可以采取（ ）措施。

　　A. 手工为每一台计算机配置 TCP/IP 参数

　　B. 利用 DHCP 服务为计算机配置 TCP/IP 参数

　　C. 利用 DNS 服务为计算机配置 TCP/IP 参数

　　D. 利用 WINS 服务为计算机配置 TCP/IP 参数

2. 每个 WWW 和 FTP 站点必须有一个主目录，在主目录中存放的是这个站点所需要的文件夹和（ ）。

　　A. 文档　　　　　　B. 文件　　　　　　C. 连接　　　　　　D. 快捷方式

3. 在安装 DHCP 服务器之前，必须保证这台计算机具有（ ）。

　　A. 远程访问服务器的 IP 地址　　　　B. DNS 服务器的 IP 地址

　　C. WINS 服务器的 IP 地址　　　　　 D. 静态的 IP 地址

4. FTP 协议是关于（ ）的协议。

　　A. 超文本传输　　B. 邮件传输　　　C. 文件传输　　　D. 发送邮件

5. （ ）命令能显示本机所有网络适配器的详细信息。

　　A. ipconfig　　　　B. ipconfig /all　　C. ping　　　　　D. showip

6. IIS 如何安装？

7. 在 Web 网站上设置默认文档有什么用途？

8. 在 DNS 服务器上创建一个正向查找的主要区域，该区域的名称为"abc.com"。

第五部分
网络安全

项目 11 Windows 网络安全

策略及配置

在完成本项目后，你将能够：
- 了解网络安全的含义。
- 了解基于角色的访问控制技术。
- 掌握 Windows 操作系统安全设置策略的使用方法。
- 掌握 Windows 操作系统账户策略的配置。
- 掌握 Windows 操作系统本地策略的配置。

11.1 体验感知

我们在登录 Windows Server 2008 操作系统的时候需要设置登录密码，并使用密码登录操作系统。现在请同学们在登录输入密码的时候故意输错几次，看看会发生什么情况？

11.2 提出问题

如何控制其他人登录我们的计算机呢？
为什么在登录系统输入密码的时候，输错几次就不能再输入了呢？
什么是账户锁定？
为什么要设置密码？

11.3 探究学习

11.3.1 相关知识

1. 网络安全的内容

网络安全指网络系统的硬件、软件及其系统中的数据受到保护，不因偶然的或恶意的原因而遭受破坏、更改、泄露，系统连续可靠正常地运行，网络服务不中断。

网络安全由于不同的环境和应用而产生不同的类型。主要有以下几种：

① 系统安全。

运行系统安全即保证信息处理和传输系统的安全，侧重于保证系统正常运行，避免因为系统的崩溃和损坏而对系统存储、处理和传输的消息造成破坏和损失；避免由于电磁泄翻，产生信息泄露，干扰他人或受他人干扰。

② 网络安全。

网络上系统信息的安全。包括用户口令鉴别、用户存取权限控制、数据存取权限、方式控制、安全审计、安全问题跟踪、计算机病毒防治、数据加密等。

③ 信息传播安全。

网络上信息传播安全，即信息传播后果的安全，包括信息过滤等。侧重于防止和控制由非法、有害的信息进行传播所产生的后果。

④ 信息内容安全。

网络上信息内容的安全。侧重于保护信息的保密性、真实性和完整性。避免攻击者利用系统的安全漏洞进行窃听、冒充、诈骗等有损合法用户的行为。其本质是保护用户的利益和隐私。

⑤ 操作系统安全。

微软新一代服务器操作系统 Windows Server 2008 的发布开启了一个新的 Windows 企业应用时代，相信在接下来的几年或更长的时间内，会有不计其数的应用运行于这个平台上。在可信赖计算战略的推进下，微软将安全方面提升到一个前所未有的重视高度，深层防护的安全模型、安全开发生命周期的方法论，始终贯穿 Windows Server 2008 整个产品的设计开发过程。

服务器操作系统本身的安全性是一切安全的基础，相信没人认为可以在一个满是漏洞的平台上构建出安全的应用系统。从这个层面上说，Windows Server 2008 会比上一代服务器平台更加优秀，因为它使用了和 Windows Vista 相同的代码基础，在核心层的结构设计中引入了数据执行保护，地址空间随机分布用户账户控制、Windows 服务加固等安全技术，在很大程度上减少了常规威胁、降低了攻击方法利用系统薄弱环节的可能性，从而使它成为有史以来最为强健和安全的 Windows 核心结构。

以前很多人并不十分看好 Windows 自带的防火墙，认为其功能方面过于简单，不足以满足复杂网络状况的需求，而 Windows Server 2008 中内置的"具有高级安全的 Windows 防火墙"会让大家改变看法。虽然用户依然可以使用和以前相同的界面进行防火墙管理，但是通过使用高级管理控制台或组策略，其核心已经有了完全的变化。

新的防火墙是同时基于规则和状态的网络访问安全机制，提供了对 IPv6 的全面支持并在其中整合了状态过滤与 IPSec。不仅可以利用它对本地主机的网络访问进行安全保护，更为重要的是还可以通过组策略方便地构建基于域的企业网络隔离解决方案，实现安全的内部网络访问体系。

在服务器中存放的往往是企业最为重要的数据，如何能最大程度地保护这些信息资产的安全始终是重中之重。在 Windows Server 2008 中，除了可以继续使用增强的加密文件系统对 NTFS 文件系统中的指定文件进行高强度保护，还能对存储有重要信息的磁盘进行完整的加密保护，即使在遭遇服务器失窃这样严重的物理安全事件之后也

能够从容应对。

2．Windows 操作系统安全设置策略概述

（1）物理安全。

服务器应当放置在安装了监视器的隔离房间内，并且监视器应当保留 15 天以内的录像记录。另外，机箱、键盘、抽屉等要上锁，以保证即使在无人值守时旁人也无法使用此计算机，钥匙要放在安全的地方。

（2）停止 Guest 账号。

在"计算机管理"中将 Guest 账号停止，任何时候不允许 Guest 账号登录系统。为了保险起见，最好给 Guest 账号加上一个复杂的密码，并且修改 Guest 账号属性，设置拒绝远程访问。

（3）限制用户数量。

去掉所有的测试账号、共享账号和普通部门账号等。用户组策略设置相应权限，并且经常检查系统的账号，删除已经不适用的账号。

很多账号不利于管理员管理，而黑客在账号多的系统中可利用的账号也就更多，所以需要合理规划系统中的账号分配。

（4）多个管理员账号。

管理员不应该经常使用管理员账号登录系统，这样有可能被一些能够察看 Winlogon 进程中密码的软件窥探到，应该为自己建立普通账号来进行日常工作。

同时，如果管理员账号被入侵者得到，管理员拥有备份的管理员账号，还可以有机会得到系统管理员权限，但是也会带来多个账号的潜在安全问题。

（5）管理员账号改名。

在 Windows 2000 系统中管理员 Administrator 账号是不能被停用的，这意味着攻击者可以一再尝试猜测此账号的密码。管理员账号改名可以有效防止这一点。

不要将名称改为类似 Admin 之类，而是尽量将其伪装为普通用户。

（6）陷阱账号。

和前面的策略类似、在更改了管理员的名称后，可以建立一个 Administrator 的普通用户，将其权限设置为最低，并且加上一个 10 位以上的复杂密码，借此花费入侵者的大量时间，并且发现其入侵企图。

（7）更改文件共享的默认权限。

将共享文件的权限从"Everyone"更改为"授权用户"，"Everyone"意味着任何有权进入网络的用户都能够访问这些共享文件。

（8）安全密码。

安全期内无法破解出来的密码就是安全密码。也就是说，密码的安全性使得入侵者就算获取到密码文档，也必须花费 42 天或更长的时间才能破解出来（Windows 安全策略默认 42 天更改一次密码）。

（9）屏幕保护/屏幕锁定密码。

防止内部人员破坏服务器的一道屏障。在管理员离开时，自动加载。

（10）使用 NTFS 分区。

比起 FAT 文件系统，NTFS 文件系统可以提供权限设置、加密等更多的安全功能。

（11）防病毒软件。

Windows 操作系统没有附带杀毒软件，一个好的杀毒软件不仅能够杀除一些病毒程序，还可以查杀大量的木马和黑客程序。设置杀毒软件，一些著名的木马程序就毫无用武之地了，同时一定要经常升级病毒库！

（12）备份盘的安全。

一旦系统资料被黑客破坏，备份盘将是恢复资料的唯一途径。备份完资料后，把备份盘放在安全的地方，不能把备份放置在当前服务器上。

11.3.2 实践活动

任务 1 设置用户账户密码

实训目的

● 了解用户账户的使用方法。

● 了解密码的重要性。

● 掌握如何给用户账户配置密码并进行管理。

实训环境

● 计算机网络机房。

● 安装有 Windows Server 2008 操作系统的计算机。

操作步骤

第一步：配置用户账户密码。

在 Windows Server 2008 中，允许管理员对本地安全进行设置。为提高系统安全性，Windows Server 2008 对登录到本地计算机的用户进行安全配置。

本地计算机是指用户登录的 Windows Server 2008 计算机。如果没设置活动目录，计算机管理员必须为计算机进行本地安全设置：

● 限制用户设置密码。

● 通过账户策略配置账户安全性。

● 通过锁定账户策略避免他人登录计算机。

● 指派用户权限。

Windows Server 2008 在"管理工具"菜单提供了"本地安全策略"控制台，可以集中管理本地计算机的安全设置。使用管理员账户登录到本地计算机，即可打开"本地安全策略"控制台，如图 11-1 所示。

第二步：启用"密码复杂性要求"。

选择"计算机配置"→"Windows 设置"→"安全设置"→"账户策略"→"密码策略"选项，在"本地安全设置"选项卡中启用"密码必须符合复杂性要求"安全设置，单击"确定"按钮，如图 11-2 所示。还可以设置"密码长度最小值""密码使用期限""强制密码历史"等内容。

图 11-1 "本地安全策略"控制台

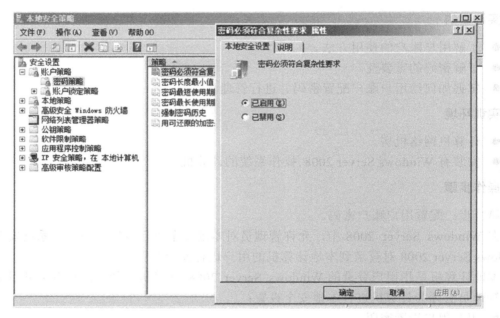

图 11-2 启用复杂性要求

注意，如果启动了密码复杂性要求，在输入密码的时候要满足复杂性，也就是说安全等级较高的密码最好是英文大小写、数字、特殊字符等的组合。

任务 2 设置账户锁定阈值

实训目的

● 了解用户账户的使用方法。

● 了解账户锁定阈值的重要性。

● 掌握如何给用户账户配置锁定阈值并进行管理。

实训环境

● 计算机网络机房。

● 安装有 Windows Server 2008 操作系统的计算机。

操作步骤

第一步：在运行中输入"gpedit.msc"并回车，打开组策略编辑器，选择"计算机配置" →"Windows 设置"→"安全设置"→"账户策略"→"账户锁定策略"选项。

第二步：将账户锁定阈值设为"3 次登陆无效""锁定时间为 30 分钟""复位锁定计数 设为 30 分钟"，如图 11-3 所示。

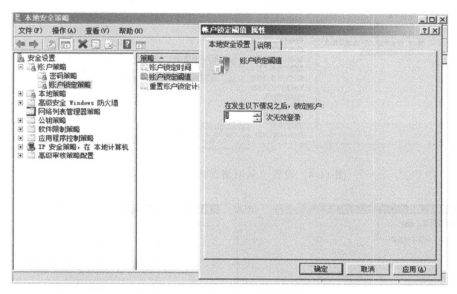

图 11-3　账户锁定阈值设置

任务 3　分配用户权限

实训目的

● 了解用户权限的含义。

● 了解用户权限的重要性。

● 掌握如何给用户账户配置用户权限并进行管理。

实训环境

● 计算机网络机房。

● 安装有 Windows Server 2008 操作系统的计算机。

操作步骤

第一步：选择"计算机配置"→"Windows 设置"→"安全设置"→"本地策略"→ "用户权限分配"选项，在这里可以做很多对于某一个用户的权限配置，如图 11-4 所示。

第二步：选择"从网络访问此计算机"这个策略，在"本地安全设置"选项卡中可以自定义用户从网络访问此计算机；图 11-5 所示为设置"允许本地登录""关闭系统"
策略。

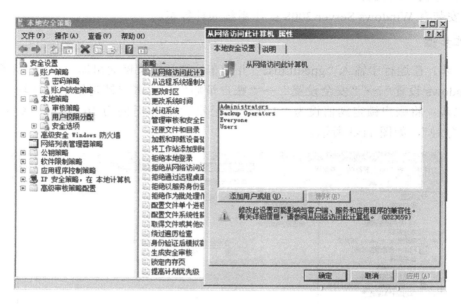

图 11-4　设置"从网络访问此计算机"策略

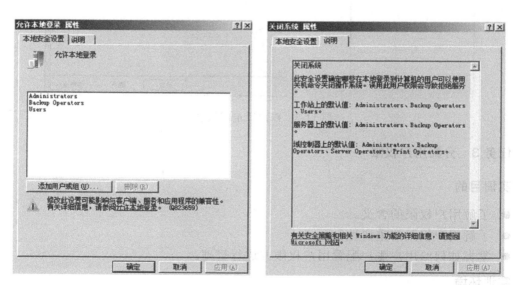

图 11-5　设置"允许本地登录""关闭系统"策略

11.4　关　联　拓　展

基于角色的访问控制技术

访问是一种利用计算机资源去做某件事情的能力，访问控制是一种手段，通过这种手段控制在某些情况下被允许或受限制（通常是通过物理手段或基于系统的控制）的权限。基于计算机的访问控制不仅可以规定是"谁"或某个操作有权使用特定系统资源，而且也能规定被允许的访问类型。这些控制方式可在计算机系统或外部设备中实现。

就角色访问控制而言，访问决策是基于角色的，个体用户是某个组织的一部分。定义角色的过程应该基于对组织运转的彻底分析，包括来自一个组织中更广范围用户的输入。

访问权按角色名分组，资源的使用受限于授权给假定关联角色的个体。例如，在一个医院系统中，医生角色可能包括进行诊断、开具处方、指示实验室化验等；而研究员的角色被限制在收集用于研究的匿名临床信息工作上。

控制访问角色的运用可能是一种开发和加强企业特殊安全策略，进行安全管理过程流程化的有效手段。

11.5 巩固提高

1．什么是本地安全策略？
2．如何设置本地安全策略？
3．提高 Windows Server 2008 的安全可以从哪些方面着手？

项目 12 防火墙及杀毒软件的安装与运行

在完成本项目后，你将能够：
- 了解防火墙的概念及分类。
- 了解恶意代码定义及分类。
- 了解黑客及黑客攻击的含义。
- 掌握配置 Windows 7 防火墙的方法。
- 安装配置 360 杀毒软件。

12.1 体验感知

如图 12-1 所示，这是一款现在比较常见的杀毒软件，请大家打开这款软件，并尝试使用该软件对计算机进行防护配置。

图 12-1　360 杀毒软件界面

12.2 提 出 问 题

什么是防火墙？
为什么要使用杀毒软件？
现在主流的杀毒软件有哪些？
防火墙有什么作用？

12.3 探 究 学 习

12.3.1 相关知识

1. 防火墙

（1）防火墙概述。

防火墙是一种高级访问控制设备，是置于不同网络安全域之间的一系列部件的组合，也是不同网络安全域间通信流的唯一通道，能根据企业有关的安全政策控制（允许、拒绝、监视、记录）进出网络的访问行为，本身具有较强的抗攻击能力。它是提供信息安全服务，保护网络免受非法用户的侵入，实现网络和信息安全的基础设施。防火墙主要由服务访问规则、验证工具、包过滤和应用网关4部分组成。基本防火墙系统模型如图 12-2 所示。

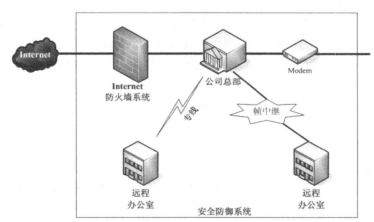

图 12-2 基本防火墙系统模型

它需要满足以下条件：内部和外部之间的所有网络数据流必须经过防火墙，只有符合安全策略的数据流才能通过防火墙，防火墙自身应对渗透免疫。

（2）防火墙的主要功能。

① 防火墙是为客户提供服务的理想位置，在其上可以配置相应的 WWW 和 FTP 服务，使 Internet 用户仅可以访问此类服务，而禁止对保护网络的其他系统服务进行访问。

② 防火墙仅允许通过认可的和符合规则的请求，在安全策略检查时，所有信息都必须

经过防火墙。通过防火墙定义一个关键点防止外来入侵，监控网络的安全并在异常情况下给出报警提示，尤其在重大的信息量通过时进行检查。

③ 通过日志登记有效地记录网上活动，所有经过防火墙的流量都可以被记录下来，其中包括企业用户上网情况。可以查询 Internet 的使用情况，可以确认 Internet 接入代价、潜在的带宽瓶颈，使费用的耗费满足企业内部财政需要。

④ 提供网络地址转换 NAT 功能，隐藏用户站点或网络拓扑，防火墙隔离内网和外网的同时利用 NAT 隐藏内网的各种细节，有助于缓解 IP 地址资源紧张的问题，同时可以避免一个内部网更换 ISP 时需要重新编号的麻烦。

（3）防火墙技术类型。

① 包过滤型防火墙。

根据定义好的过滤规则审查每个数据包，以便确定其是否与某一条包过滤规则匹配。包过滤规则是根据数据包的包头信息进行定义的，"没有明确允许的都被禁止"。通常包过滤型防火墙安装在路由器上，而且大多数商用路由器都提供包过滤的功能。包过滤规则以 IP 包信息为基础，对 IP 源地址、目标地址、封装协议、端口号等进行筛选。

② 代理型防火墙。

代理型防火墙也被称为代理服务器，代理服务器位于客户机与服务器之间，完全阻挡二者间的数据流，可以针对应用层进行侦测和扫描，对付基于应用层的侵入和病毒十分有效。代理型防火墙通常由服务器端程序和客户端程序两部分构成。客户端程序与中间节点（Proxy Server）连接，中间节点再与提供服务的服务器实际连接。与包过滤防火墙不同的是，内外网间不存在直接的连接，而且代理服务器提供日志（Log）和审计（Audit）服务。

③ 状态检测型防火墙。

状态检测型防火墙在不影响网络安全正常工作的前提下采用抽取相关数据的方法对网络通信的各个层次实行监测，检测每一个有效连接的状态，根据这些信息决定网络数据包是否能通过防火墙，并根据各种过滤规则做出安全决策。状态检测可以对包内容进行分析，从而摆脱传统防火墙仅局限于几个包头信息的检测弱点，而且这种防火墙不必开放过多端口，进一步杜绝了因为开放端口过多而带来的安全隐患。

（4）防火墙体系结构。

① 双重宿主主机。

双重宿主主机体系结构是围绕双重宿主主机构筑的。双重宿主主机至少有两个网络接口，它位于内部网络和外部网络之间，这样的主机可以充当与接口相连的网络之间的路由器，它能从一个网络接收 IP 数据包并将之发往另一网络。实现双重宿主主机的防火墙体系结构禁止这种发送功能，完全阻止了内外网络之间的 IP 通信。两个网络之间的通信可通过应用层数据共享和应用层代理服务的方法实现，一般情况下采用代理服务的方法。

双重宿主主机的特性：双重宿主主机不能直接转发任何 TCP/IP 流量，所以可以彻底阻塞内部和外部不可信网络间的任何 IP 流量。从而把一个内部网络从一个不可信的外部网络中分离出来。安全对于双重宿主主机至关重要，用户口令是控制安全的关键。

缺点：双重宿主主机是隔开内外网络的唯一屏障，一旦被入侵，内部网络便向入侵者敞开大门。

② 被屏蔽主机。

被屏蔽主机体系结构由防火墙和内部网络的堡垒主机承担安全责任。一般这种防火墙比较简单，可能是简单的路由器。典型构成包括包过滤路由器和堡垒主机。包过滤路由器配置在内部网络和外部网络之间，保证外部网络对内部网络的操作只能经过堡垒主机。堡垒主机配置在内部网络上，是外部网络主机连接到内部网络主机的桥梁，它需要拥有高等级的安全。

包过滤路由器可按如下规则之一进行配置：允许内部网络主机为了某些服务请求与外部网络上的主机建立直接连接（即允许那些经过过滤的服务）；不允许所有来自外部网络主机的直接连接，并强迫内部网络主机经由堡垒主机使用代理服务。

被屏蔽主机的特性：安全性更高，拥有双重保护，它提供的安全等级比包过滤防火墙系统高，实现了网络层安全（包过滤）和应用层安全（代理服务）。

缺点：包过滤路由器能否正确配置是安全与否的关键。如果路由器被损害，堡垒主机将被穿过，整个网络对侵袭者是开放的。

③ 被屏蔽子网。

被屏蔽子网体系结构在本质上与被屏蔽主机体系结构一样，但添加了一层额外的保护体系——周边网络。堡垒主机位于周边网络上，周边网络和内部网络被内部路由器分开。

堡垒主机是用户网络上最容易受侵袭的机器，是整个防御体系的核心。堡垒主机可被认为是应用层网关，可以运行各种代理服务程序。对于出站服务不一定要求所有的服务经堡垒主机代理，但对于入站服务应要求所有服务都通过堡垒主机。通过在周边网络上隔离堡垒主机，能减少堡垒主机被侵入的影响。

周边网络是一个防护层，在其上可放置一些信息服务器，它们是牺牲主机，可能会受到攻击，因此又被称为非军事区（DMZ）。即使堡垒主机被入侵者控制，它仍可消除对内部网络的侦听。

最简单的被屏蔽子网结构由两个屏蔽（包过滤）路由器和一个堡垒主机构成，两个屏蔽路由器一个连接外部网络与边界网络，另一个连接边界网络与内部网络。为了攻进内部网络，入侵者必须通过两个屏蔽路由器。

外部路由器（访问路由器）保护周边网络和内部网络不受外部网络的侵犯。它把入站的数据包路由到堡垒主机，防止部分 IP 欺骗，它可以分辨出数据包是否真正来自周边网络，而内部路由器不可以。

内部路由器（阻塞路由器）保护内部网络不受外部网络和周边网络的侵害，它执行大部分过滤工作。外部路由器一般与内部路由器应用相同的规则。

（5）防火墙性能指标。

① 最大位转发率。

位转发率是指在特定负载下每秒钟防火墙将允许的数据流转发至正确的目的接口的位数。最大位转发率指在不同的负载下反复测量得出的位转发率数值中的最大值。

② 吞吐量。

在不丢包的情况下能够达到的最大速率。吞吐量作为衡量防火墙性能的重要指标之一，吞吐量小会造成网络新的瓶颈，以至于影响到整个网络的性能。

③ 时延。

入口处输入帧最后 1bit 到达至出口处输出帧的第 1bit 输出所用的时间间隔。防火墙的时延能够体现它处理数据的速度。

④ 丢包率。

在连续负载的情况下，防火墙设备由于资源不足应转发但却未转发的帧百分比。防火墙的丢包率对其稳定性、可靠性有很大的影响。

⑤ 背靠背。

从空闲状态开始，以达到传输介质最小合法间隔极限的传输速率发送相当数量的固定长度的帧，当出现第一个帧丢失时发送的帧数。背对背包的测试结果能体现出被测防火墙的缓冲容量，网络上经常有一些应用会产生大量的突发数据包，而且这样的数据包丢失可能会产生更多的数据包，强大缓冲能力可以减小这种突发情况对网络造成的影响。

⑥ 最大并发连接数。

穿越防火墙的主机之间或主机与防火墙之间能同时建立的最大连接数。并发连接数的测试主要用来测试被测防火墙建立和维持 TCP 连接的性能，同时也能通过并发连接数的大小体现被测防火墙对来自客户端的 TCP 连接请求的响应能力。

⑦ 最大并发连接建立速率。

穿越防火墙的主机之间或主机与防火墙之间单位时间内建立的最大连接数。最大并发连接数建立速率主要用来衡量防火墙单位时间内建立和维持 TCP 连接的能力。

2．恶意代码

（1）恶意代码的定义。

定义 1：恶意代码又称恶意软件。这些软件也可称为广告软件（Adware）、间谍软件（Spyware）、恶意共享软件（Malicious Shareware），有时也称流氓软件。是指在未明确提示用户或未经用户许可的情况下，在用户计算机或其他终端上安装运行，侵犯用户合法权益的软件。与病毒或蠕虫不同，这些软件大多不是小团体或个人秘密编写和散播的，反而有很多知名企业和团体涉嫌使用此类软件。

定义 2：恶意代码是指故意编制或设置的、对网络或系统会产生威胁或潜在威胁的计算机代码。最常见的恶意代码有计算机病毒（简称病毒）、特洛伊木马（简称木马）、计算机蠕虫（简称蠕虫）、后门、逻辑炸弹等。

（2）恶意代码的分类。

到目前为止，绝大多数的恶意代码都可以被分到如下类别中。

① 后门：恶意代码将自身安装到一台计算机来允许攻击者访问。后门程序通常让攻击者只需要很少认证甚至无须认证，便可连接到远程计算机上，并可以在本地系统执行命令。

② 僵尸网络：与后门类似，也允许攻击者访问系统。但是所有被同一个僵尸网络感染的计算机将会从一台控制命令服务器接收到相同的命令。

③ 下载器：这是一类只是用来下载其他恶意代码的恶意代码。下载器通常是在攻击者获得系统的访问时首先进行安装的。

④ 间谍软件：这是一类从受害计算机上收集信息并发送给攻击者的恶意代码。例如，嗅探器、密码哈希采集器、键盘记录器等。这类恶意代码通常用来获取 E-mail、在线网银等账号的访问信息。

⑤ 启动器：用来启动其他恶意程序的恶意代码。通常情况下，启动器使用一些非传统的技术，来启动其他恶意程序，以确保其隐蔽性，或者以更高权限访问系统。

⑥ 内核套件：设计用来隐藏其他恶意代码的恶意代码。内核套件通常与其他恶意代码（如后门）组合成工具套装，来允许为攻击者提供远程访问，并且使代码很难被受害者发现。

⑦ 勒索软件：设计用来吓唬受感染的用户，勒索用户购买某些东西的恶意代码。这类软件通常有一个用户界面，使得其看起来像是一个杀毒软件或其他安全程序。其会通知用户系统中存在恶意代码，而唯一除掉代码的方法只有购买他们的"软件"，而事实上，他们所卖软件的全部功能只不过是将勒索软件进行移除而已。

⑧ 发送垃圾邮件的恶意代码：这类恶意代码在感染用户计算机之后，便会使用系统与网络资源来发送大量的垃圾邮件。这类恶意代码通过为攻击者出售垃圾邮件发送服务而获得收益。

⑨ 蠕虫或计算机病毒：可以自我复制和感染其他计算机的恶意代码。

恶意代码还经常会跨越多个类别。例如，一个程序可能会有一个键盘记录器来收集密码，而其可能同时有一个蠕虫组件来通过发送邮件传播自身。所以不要陷入根据恶意代码功能进行分类的误区。

恶意代码还可以根据攻击者的目标分为大众性的还是针对性的两类。大众性的恶意代码，比如勒索软件，采用的是一种撒网捞鱼的方法，是为影响到尽可能多的机器而设计的。在这两类恶意代码中，这类代码是最为普遍的，通常也不会太过复杂，而且是更容易被检测和防御的，因为安全软件以这类恶意代码作为防御目标。

（3）典型的恶意代码。

恶意代码的传播方式在迅速地演化，从引导区传播，到某种类型文件传播，到宏病毒传播，到邮件传播，到网络传播，发作和流行的时间越来越短。Form 引导区病毒自 1989 年出现，用了一年的时间流行起来，宏病毒 Concept Macro 自 1995 年出现，用了三个月的时间流行起来，LoveLetter 用了大约一天， Code Red 用了大约 90 分钟，而 Nimda 只用了不到 30 分钟。这些数字背后的规律是很显然的：在恶意代码演化的每个步骤，病毒和蠕虫从发布到流行的时间都越来越短。下面介绍几种常见恶意代码的症状。

① 默认主页被修改。

● 破坏特性：默认主页被自动改为某网站的网址。

● 表现形式：浏览器的默认主页被自动设为如*********.com 的网址。

② 主页设置被屏蔽锁定。

● 破坏特性：主页设置被禁用。

● 表现形式：主页地址栏变灰色被屏蔽。

③ 搜索引擎被修改。

● 破坏特性：将 IE 的默认微软搜索引擎更改。

● 表现形式：搜索引擎被篡改。

④ 被添加非法信息。

● 破坏特性：通过修改注册表，使 IE 标题栏被强行添加宣传网站的广告信息。

● 表现形式：在 IE 顶端蓝色标题栏上多出了垃圾网站等内容。

⑤ 菜单功能被禁用。

- 破坏特性：通过修改注册表，右击弹出菜单功能在 IE 浏览器中被完全禁止。
- 表现形式：在 IE 中右击毫无反应。

12.3.2　实践活动

任务 1　配置 Windows 7 防火墙

实训目的

- 了解防火墙的作用。
- 掌握 Windows 7 防火墙的配置方法。

实训环境

- 计算机网络机房。
- 安装有 Windows Server 2008 操作系统的计算机。

操作步骤

防火墙（Firewall）也称防护墙，它是一项信息安全的防护系统，依照特定的规则，允许或限制传输的数据通过。防火墙对用户电脑系统的保护起至关重要的作用。

第一步：打开控制界面（大图标显示），找到"Windows 防火墙"图标，如图 12-3 所示，单击图标。

图 12-3　找到"Windows 防火墙"图标

第二步：图 12-4 所示界面中左侧边栏中有"启动或关闭 Windows 防火墙"文字链接，单击该文字链接，进入图 12-4 所示界面。

图 12-4　打开防火墙

第三步：可以针对家庭、工作网络或公用网络设置启用或关闭防火墙，单击"确定"按钮，完成设置，如图 12-5 所示。

图 12-5　启用或关闭防火墙

第四步：返回 Windows 防火墙界面，左侧边栏中有"允许应用或功能通过 Windows 防火墙"文字链接，如图 12-6 所示，单击该文字链接，进入图 12-6 所示界面。

图 12-6　设置防火墙

第五步：查看已经允许的程序，比如 360 安全卫士，如果在家庭/工作和公用网络中都没有被允许，可能导致 360 安全卫士不能使用，这样就需要添加这一程序。打开"允许其他应用"按钮，如图 12-7 所示。

图 12-7 允许程序通过防火墙

第六步：在列表里选中或打开"浏览"选中程序（这里是单击"浏览"按钮），如图 12-8 所示，然后单击"网络类型"按钮选择允许运行的网络类型，如图 12-9 所示，然后单击"添加"按钮，即可完成添加。

图 12-8 选择要允许的程序

图 12-9 选择网络类型

注意：为了能更好地利用"允许程序或功能通过 Windows 防火墙"设置，在不同的网络环境中，若要设置正确的网络类型，一般接入网络的时候 Windows7 系统会弹出设置网络类型的提示，若没有设置，可按下图的设置界面，在控制面板的网络和共享中心里进行设置。

任务 2 安装配置 360 杀毒软件

实训目的

● 了解 360 杀毒软件的作用。
● 掌握 360 杀毒软件的配置方法。

实训环境

● 计算机网络机房。
● 安装有 Windows Server 2008 操作系统的计算机。
● 计算机中安装有 360 杀毒软件。

操作步骤

第一步：安装 360 杀毒软件。

360 杀毒软件目前支持的操作系统如下。

Windows XP SP2 以上（32 位简体中文版）

Windows Vista（32 位简体中文版）

Windows 7（32/64 位简体中文版）

Windows 8（32/64 位简体中文版）

Windows Server 2003/2008

注意：如果计算机操作系统不是上述的版本，建议不要安装 360 杀毒软件，否则可能导致不可预知的结果。

要安装 360 杀毒软件，可以通过360 杀毒官方网站下载最新版本的 360 杀毒安装程序。

双击运行下载好的安装包，弹出 360 杀毒安装向导。在这一步可以选择安装路径，建议按照默认设置即可。也可以单击"更换目录"按钮选择安装目录，如图 12-10 所示。

接下来安装开始，如图 12-11 所示。

图 12-10　安装 360 杀毒软件

图 12-11　安装进度

安装完成之后就可以看到全新的杀毒软件界面了，如图 12-12 所示。

第二步：卸载 360 杀毒软件。

从 Windows 的开始菜单中，单击"开始"→"程序"→"360 安全中心"→"360 杀毒"命令，单击"卸载 360 杀毒"菜单项，如图 12-13 所示。

图 12-12　安装完成后的界面

图 12-13　卸载 360 杀毒软件

接着会弹出"卸载确认"对话框。这里推荐勾选"保留系统关键设置备份"和"保留隔离的病毒文件"选项，以便在重装 360 杀毒软件后能够恢复被删除的文件，如图 12-14 所示。

卸载完成后，会提示重启系统。可根据自己的情况选择是否立即重启，如图 12-15 所示。

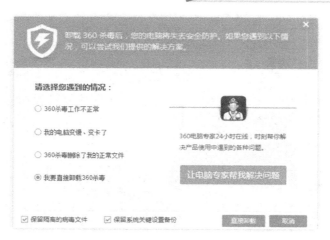

图 12-14　卸载确认

第三步：病毒查杀。

360 杀毒具有实时病毒防护和手动扫描功能，为系统提供全面的安全防护。

实时病毒防护功能在文件被访问时对文件进行扫描，及时拦截活动的病毒。在发现病毒时会通过提示窗口警告，如图 12-16 所示。

图 12-15　选择是否重启系统　　　　　　　　图 12-16　发现病毒

360 杀毒软件提供了五种病毒扫描方式。

快速扫描：扫描 Windows 系统目录及 Program Files 目录。

全盘扫描：扫描所有磁盘。

指定扫描：扫描指定的目录。

右键扫描：当在文件或文件夹上右击时，可以选择"使用 360 杀毒扫描"选项对选中的文件或文件夹进行扫描。

常用工具栏：帮助解决电脑上经常遇到的问题。

5.0 版的 360 杀毒通过主界面可以直接使用快速扫描、全盘扫描、功能大全，其中图片右下角还有自定义扫描、宏病毒扫描、弹窗拦截、软件净化等扫描方式，如图 12-17 所示。

图 12-17　杀毒主界面

在主界面中 5.0 版本新增了"功能大全"工具，单击"功能大全"就能看到全部的工具，可以解决电脑的常见问题，如图 12-18 所示。

图 12-18　360 杀毒软件主要功能及界面

第四步：升级 360 杀毒病毒库。

360 杀毒具有自动升级功能，如果开启了自动升级功能，360 杀毒会在有升级可用时自动下载并安装升级文件。360 杀毒 5.0 版本默认不安装本地引擎病毒库，如果想使用本地引擎，请单击主界面右上角的"设置"按钮，打开设置界面后单击"多引擎设置"选项，然后选择"自动升级病毒特征库及程序"选项。用户可以根据自己的喜好选择自动升级设置，选择好后单击"确定"按钮，如图 12-19 所示。

图 12-19 使用本地引擎

5.0 版本的 360 杀毒，新增了防护中心界面，单击主界面的拉绳，即可展开防护中心界面，所有防护组件状态一目了然，同时还可以查看实时防护数据，如图 12-20 所示。

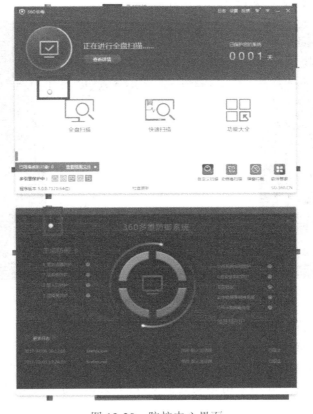

图 12-20 防护中心界面

设置好后回到主界面，单击"产品升级"标签，然后单击"检查更新"按钮进行更新。升级程序会连接服务器检查是否有可用更新，如果有就会下载并安装升级文件，如图 12-21 所示。

图 12-21　安装升级文件

升级完成后会有提示，如图 12-22 所示。

图 12-22　升级成功

第五步：处理扫描出的病毒。

360 杀毒软件扫描到病毒后，会首先尝试清除文件所感染的病毒，如果无法清除，会提示用户删除感染病毒的文件。

木马和间谍软件由于并不采用感染其他文件的形式，而是其自身即为恶意软件，因此会被直接删除。

在处理过程中，由于不同的情况，会有些感染文件无法被处理，请参见下面的说明采用其他方法处理这些文件，见表 12-1。

表 12-1 错误类型及处理方法

错误类型	原　　因	建议操作
清除失败（压缩文件）	由于感染病毒的文件存在于 360 杀毒无法处理的压缩文档中，因此无法对其中的文件进行病毒清除。360 杀毒对于 RAR、CAB、MSI 及系统备份卷类型的压缩文档目前暂时无法支持	使用针对该类型压缩文档的相关软件将压缩文档解压到一个目录下，然后使用 360 杀毒对该目录下的文件进行扫描及清除，完成后使用相关软件重新压缩成一个压缩文档
清除失败（密码保护）	对于有密码保护的文件，360 杀毒无法将其打开进行病毒清理	请去除文件的保护密码，然后使用 360 杀毒进行扫描及清除。如果文件不重要，也可直接删除该文件
清除失败（正被使用）	文件正在被其他应用程序使用，360 杀毒无法清除其中的病毒	请退出使用该文件的应用程序，然后使用 360 杀毒重新对其进行扫描清除
删除失败（压缩文件）	由于感染病毒的文件存在于 360 杀毒无法处理的压缩文档中，因此无法对其中的文件进行删除	使用针对该类型压缩文档的相关软件将压缩文档中的病毒文件删除
删除失败（正被使用）	文件正在被其他应用程序使用，360 杀毒无法删除该文件	退出使用该文件的应用程序，然后手工删除该文件
备份失败（文件太大）	由于文件太大，超出了文件恢复区的大小，文件无法被备份到文件恢复区	删除系统盘上的无用程序和数据，增加可用磁盘空间，然后再次尝试。如果文件不重要，也可选择删除文件，不进行备份

12.4 关联拓展

黑客及黑客攻击

1. 黑客

黑客源自英文 Hacker，Hacker 一词，最初指热心于计算机技术、水平高超的电脑专家，尤其是程序设计人员，后逐渐区分为白帽、灰帽、黑帽等。其中，利用公共通信网络，如互联网和电话系统，在未经许可的情况下，载入对方系统的被称为黑帽黑客；调试和分析计算机安全系统的为白帽黑客。

2. 黑客攻击

黑客攻击是一种手段，可分为非破坏性攻击和破坏性攻击两类。非破坏性攻击一般为了扰乱系统的运行，并不盗窃系统资料，通常采用拒绝服务攻击或信息炸弹攻击；破坏性攻击以侵入他人电脑系统、盗窃系统保密信息、破坏目标系统的数据为目的。

（1）后门程序。

由于程序员设计一些功能复杂的程序时，一般采用模块化的程序设计思想，将整个项目分割为多个功能模块，分别进行设计、调试，这时的后门就是一个模块的秘密入口。在程序开发阶段，后门便于测试、更改和增强模块功能。正常情况下，完成设计之后需要去掉各个模块的后门，不过有时由于疏忽或其他原因（如将其留在程序中，便于日后访问、测试或维护）后门没有去掉，一些别有用心的人会利用穷举搜索法发现并利用这些后门，然后进入系统并发动攻击。

（2）信息炸弹。

信息炸弹是指使用一些特殊工具软件，短时间内向目标服务器发送大量超出系统负荷的信息，造成目标服务器超负荷、网络堵塞、系统崩溃的攻击手段。比如向未打补丁的 Windows 95 系统发送特定组合的 UDP 数据包，会导致目标系统死机或重启；向某型号的路由器发送特定数据包致使路由器死机；向某人的电子邮箱发送大量的垃圾邮件将此邮箱"撑爆"等。目前常见的信息炸弹有邮件炸弹、逻辑炸弹等。

（3）拒绝服务。

拒绝服务又叫分布式 D.O.S 攻击，是使用超出被攻击目标处理能力的大量数据包消耗可用系统和带宽资源，最后致使网络服务瘫痪的一种攻击手段。作为攻击者，首先需要通过常规的黑客手段侵入并控制某个网站，然后在服务器上安装并启动一个可由攻击者发出的特殊指令来控制进程，攻击者把攻击对象的 IP 地址作为指令下达给进程的时候，这些进程就开始对目标主机发起攻击。这种方式可以集中大量的网络服务器带宽，对某个特定目标实施攻击，因而威力巨大，顷刻之间可以使被攻击目标带宽资源耗尽，导致服务器瘫痪。比如 1999 年美国明尼苏达大学遭到的黑客攻击就属于这种方式。

（4）网络监听。

网络监听是一种监视网络状态、数据流及网络上传输信息的管理工具，它可以将网络接口设置成监听模式，并且可以截获网上传输的信息。也就是说，当黑客登录网络主机并取得超级用户权限后，若要登录其他主机，使用网络监听可以有效地截获网上的数据，这是黑客使用最多的方法，但是，网络监听只能应用于物理上连接于同一网段的主机，通常被用来获取用户口令。

（5）分布式拒绝服务攻击（Distributed Denial of Service，DDoS）。

DDoS 借助 C/S 技术，将多个计算机联合起来作为攻击平台，对一个或多个目标发动 DDoS 攻击，从而成倍地提高拒绝服务攻击的威力。

（6）密码破解。

密码破解也是黑客常用的攻击手段之一。

12.5 巩固提高

1. 蠕虫病毒的主要特性有：自我复制能力、很强的传播性、潜伏性和很大的破坏性等。与其他病毒不同，蠕虫_____将其自身附着到宿主程序上。

　　A．需要　　　　B．不需要　　　　C．可以不需要　　　D．不一定

2. TCP/IP 协议规定计算机的端口有_____个，木马可以打开一个或几个端口，黑客所使用的控制器即可进入木马打开的端口。

　　A．32768　　　B．32787　　　C．1024　　　D．65536

3. 目前计算机病毒的主要传播途径是_____。

A．软盘   B．硬盘   C．可移动式磁盘   D．网络

4．下面正确的说法是_____。

    A．购买原版的杀毒软件后可以直接使用，不需要升级。

    B．安装实时杀毒软件计算机就会绝对安全。

    C．安装实时杀毒软件可以有效防止计算机病毒的攻击。

    D．在一台计算机中非常有必要同时使用两个杀毒软件。

5．计算机感染病毒后会有哪些表现？

6．什么是特洛伊木马？黑客程序一般由哪几个部分组成？

7．什么是防火墙？一个防火墙至少提供哪两个基本的服务？

参 考 文 献

[1] 黄林国. 计算机网络技术项目化教程[M]. 北京：清华大学出版社，2011.

[2] 牛玉冰. 计算机网络技术基础[M]. 北京：清华大学出版社，2013.

[3] 雷震甲，吴晓葵，严体华. 网络工程师教程（第三版）[M]. 北京：清华大学出版社，2012.

[4] 黄传河. 网络规划设计师教程[M]. 北京：清华大学出版社，2014.

[5] 谢希仁. 计算机网络（第三版)[M]. 大连：大连理工大学出版社，2000.

[6] 王茜，邱建伟. 网络管理与维护实训教程[M]. 北京：电子工业出版社，2014.

[7] Kaveh Pahlavan，Prashant Krishnamurthy. 无线网络通信原理与应用[M]. 北京：清华大学出版社，2003.

[8] 王明昊. 基于 Windows 的网络构建[M]. 北京：清华大学出版社，2012.

[9] 王协瑞. 计算机网络技术基础[M]. 北京：高等教育出版社，2013.